营养师妈妈
告诉你，
孩子升学这样吃

考前365天营养餐单

滕越 著

中国妇女出版社

U0391613

自序
Preface

　　有幅画描述得很贴切：我们第一次送孩子上学与送他们上大学的情形，体现了我们对孩子有多么不舍。写这样一份日志，第一个原因是自己的职业——营养学医生，尤其是做了十几年的妇幼营养后，自己越来越坚信营养对于一个人的健康有着很重要的作用。营养对于一个人的重要性绝不只是体现在一时三日，而是会影响一生乃至几代人！当然，更主要的是第二个原因，当我突然意识到女儿已长大，即将远离我们去翱翔时，就想使出自己的所有力气为她准备这倒计时的每一餐！让她结结实实地去前行，吃饱了不想家！另外，我每年都会被高三、初三的学生家长问及备考膳食的问题，想想何不就来个现场版，供大家评判。这是原因之三！

本书采用日志形式编写，以时间为轴，希望可以与家长们一起真实地分享我们和女儿的每一天，分享我们每日的膳食，分享我们的喜怒哀乐，分享我们这一年走过的每一步！这一年当中，我们都充当着不止一个角色，爸爸妈妈、丈夫妻子、子女，或者还有很多父母和我们一样，还工作在各自的工作岗位上。我们在努力做好子女、工作的同时，可能很大一部分精力也放在陪伴孩子上。为了让家长们看到作为营养师妈妈的我是如何为孩子进行考前膳食安排的，我如实地记下了和孩子共同度过的考前每一天，因此这一年当中有我出差在外的时候，有我心情精力不济开小差的时候，有为工作应酬请假的时候。这一年的时间里虽然我竭尽所能了，但在为孩子准备膳食这件事上仍有缺席。在餐单的制作方面我并没有面面俱到，毕竟中国的烹饪博大精深，制作的流程随性的时候居多，只要营养搭配合理，就没有对错，甚至有时候我们也会给孩子吃一些所谓的垃圾食品，如洋快餐、街边烧烤等，虽然少之又少，但还是没有完全杜绝。毕竟人有七情六欲，孩子偶尔放松一下未尝不可，不能把人当成机器来实现理论上的营养，只要把握好度，不会对孩子的身体造成太大的伤害。让孩子成为一个活生生的人也是我们做父母的任务。

本书出版之际，女儿阿雨的转学（从香港浸会大学到美国留学）正在进行中，已经接到第一份美国密歇根安娜堡大学的offer，期待孩子的fighting！

滕越

2015年10月于北京

目录
Contents

第一章　一起长知识

第二章　考前365天营养餐单

第三章　营养师妈妈的营养秘籍

第四章　因人而异，孩子升学营养补充要有针对性

第一章
一起长知识

01

一、十大类食物，把握食材重点

人们日常食物有千百种之多，但根据其营养特点，大致可以分为10大类，即主食（谷类、薯类和杂豆）、蔬菜、水果、蛋类、畜禽肉类、鱼虾类、大豆制品、坚果、奶制品和食用油，此外还有水、盐及各种调味品。这些食物类别也构成了膳食宝塔，了解它们是非常重要的，因为这不但能使备考期间的膳食结构更为合理，还能抓住饮食重点，有针对性地提高备考期间的营养供给。

1. 主食

主食指谷类（如大米、面粉、玉米等），但又不限于谷类，还包括杂豆类（如绿豆、红豆、扁豆等）以及薯类（如红薯、马铃薯、芋头等）。它们共同的特点是含有大量淀粉，也提供少量蛋白质、B族维生素和膳食纤维等。主食构成了每日膳食结构的基础。主食吃得好不好对健康有重要影响。如何提高主食的营养价值，是备考阶段食谱关注的重点之一。

首先，要讲究粗细搭配。细粮主要指白米、白面制品。粗粮则种类繁多，既包括小米、玉米、高粱、黑米、荞麦、燕麦等所谓粗杂粮，也包括全麦粉和糙米，还包括绿豆、红豆、芸豆、饭豆、扁豆等杂豆类。有时候，薯类也可作为粗粮。

粗粮营养价值比细粮更高，且具有稳定血糖、调节血脂、促进排便的重要作用，所以中国居民膳食指南建议，粗粮应该占主食的1/5以上。对于血糖异常、体重增长过快或便秘的孩子，粗粮比例还应更高一些，可占全天主食的50%或更多。因此，本书给出的餐单或食谱几乎每天都要提及各种粗粮。这可能会让长期以精米、白面为主食的父母不太习惯，但提高粗粮比例的确是健康饮食的一个重要趋势。

其次，要在主食类食物中加入蛋类、肉类、鱼类、大豆、蔬菜等，如混合烹制各种面条、鱼片粥、瘦肉粥、蛋炒饭、豆浆米饭、豆面玉米饼、蔬菜包子、水饺、馄饨等。谷类与其他食物搭配食用，可以发挥蛋白质互补作用，提升一餐的营养价值。

最后，有条件时，选用强化面粉或强化大米。强化面粉，即在面粉中加入铁、钙、锌、维生素B$_1$、维生素B$_2$、叶酸、烟酸以及维生素A等营养素，在很多超市均可买到。强化面粉的外观、味道、食用方法与普通面粉完全相同。与之类似的还有强化大米。在这些强化食品的包装上，都印有专门的标识，很容易辨识。强化食品的营养价值更高，安全可靠，对预防缺铁性贫血等情况有益。

2. 蔬菜

根据中国营养学会青少年膳食宝塔的建议，青少年每天应摄入300克～500克蔬菜，这一推荐值与普通人相同。在给青少年选择蔬菜时，应特别注意以下几类蔬菜。我在为女儿阿雨设计备考餐单的时候，也正是以它们为主的。

第一，增加绿叶蔬菜。不同种类的蔬菜，营养价值有差异，其中绿色叶菜的营养价值堪称最高，它们富含叶酸、维生素C、胡萝卜素、维生素K、钾、膳食纤维等，亦能提供部分钙、镁、锌、B族维生素等。这些营养素对青少年十分重要。常见绿叶蔬菜有菠菜、油菜、生菜、韭菜、苦菊、茼蒿、小白菜、空心菜、菜心等。

第二，增加深色蔬菜。除绿叶蔬菜外，红黄颜色或紫色等深色蔬菜的营养价值也普遍高于浅色蔬菜。西蓝花、青椒、蒜薹、荷兰豆、四季豆、豇豆、苦瓜、番茄、胡萝卜、南瓜、茄子、紫甘蓝等都属于深色蔬菜。

第三，增加食用菌。食用菌包含了数百种形态各异、味道不同的食物，如木耳、银耳、香菇、平菇、金针菇、滑子菇、草菇、花菇、茶树菇、竹荪、杏鲍菇、牛肝菌、松茸、羊肚菌等。它们能提供维生素B$_1$、维生素B$_2$、维生素K、维生素D、钙、钾、铁、锌和硒等。其中最为独特的是维生素D，其他蔬菜并不提供。食用菌含较多核苷酸、嘌呤等鲜味物质，故而味道鲜美，适合煲汤、炖煮、炒制，甚至用于调味。此外，大部分食用菌均有干品，便于储存，泡发后用于烹调，十分方便。

营养师妈妈私房话

为减少蔬菜农药残留的隐患，蔬菜在食用前要仔细清洗，尽量用开水焯一下再烹调。另外，蔬菜力求新鲜，最好当餐吃完，不要吃剩菜，以避免亚硝酸盐过多。

3. 水果

中国营养学会中国居民膳食指南建议，每天摄入水果200克～400克为宜，后者相当于1～2个苹果（中等大小）或2根香蕉（中等大小）。

有不少妈妈错误地相信"多吃水果对孩子皮肤好"等毫无根据的说法，让孩子大量吃水果，结果却造成饮食不均衡或能量摄入过多及血糖不稳定等。

　　像其他类别的食物一样，水果也应该尽量多样化一些。为尽可能地减少农药残留和对涂抹包装蜡的担心，水果能削皮的应尽量削皮。

④ 蛋类

　　根据中国营养学会普通人膳食宝塔的建议，每天吃1个鸡蛋（大约50克），或重量相当的其他蛋类，鸭蛋、鹅蛋、鹌鹑蛋等均可。当膳食结构中鱼类、肉类或奶类不足时，还可以增加蛋类（如每天两三个鸡蛋）来弥补。

　　蛋类既可以与蔬菜搭配，也可以独自烹调，非常简便易做。

⑤ 畜禽肉类

　　畜肉（如猪肉、牛肉、羊肉等）和禽肉（如鸡肉、鸭肉等）是优质蛋白、脂类、维生素A、维生素B_1、维生素B_2、维生素B_6、维生素B_{12}、铁、锌、钾、镁等营养素的良好来源，因而也是青少年平衡膳食的重要组成部分。完全没有肉类（包括鱼虾）的食谱不适合生长发育中备考的孩子，除非有专业人员指导并补充相关营养素。

　　根据中国营养学会膳食宝塔的建议，青少年平均每天吃畜禽肉类100克～150克。如果鱼虾类比较多的话，畜禽肉类可以少一些。在畜肉中，我们建议增加牛肉比例，减少猪肉比例。前者脂肪更少，营养更佳。

　　要不要吃动物内脏，如猪肝、羊肝、鸡肝等，这是很多妈妈比较困惑的问题。就营养价值而论，动物内脏比畜禽肉类有过之而无不及。所以上述膳食宝塔明确建议畜禽肉类"含动物内脏"。不过，动物内脏也的确有较多安全隐患，包括各种污染物以及药物残留，因此不建议孩子经常食用动物内脏，但有三种情况例外，一是能确保动物内脏安全时；二是出现缺铁性贫血时；三是食谱中畜禽肉类和鱼虾严重不足时。

6. 鱼虾类

鱼虾类的营养价值比畜禽肉类更胜一筹，尤其是它们含有独特的"ω−3型多不饱和脂肪酸"，即DHA和EPA，即我们俗称的脑黄金。《中国居民膳食指南2007》建议"首选鱼类和海鲜"。膳食宝塔建议平均每天摄入鱼虾100克～150克。

随着生活水平的提高，鱼虾或其他水产品在绝大部分地区都很容易买到。当然，各地食用鱼虾的习惯和品种有所不同。内陆地区以淡水鱼为主，沿海地区则以海水鱼为主，很多经济较发达地区，则淡水鱼、海水鱼虾都很多见。即使经济欠发达地区，也很容易在超市或农贸市场买到鱼干、虾干、扇贝丁等。这些都是增加鱼虾摄入的可行途径。不论生活在什么地区，都要尽量给孩子增加鱼虾摄入量。

7. 大豆制品

大豆包括最常见的黄大豆（黄豆），以及不太常见的黑大豆和青大豆，但并不包括绿豆、红豆、扁豆、芸豆等杂豆类。大豆制品本来是中国人餐桌上的传统食物，但近些年消费量呈下降趋势，这是很可惜的。

大豆制品的营养价值很高，是优质蛋

白、磷脂、钙、锌、B族维生素、维生素E、膳食纤维等营养素的重要来源。中国营养学会膳食宝塔建议，平均每天食用60克（相当的大豆制品或坚果）。相当于60克大豆的大豆制品有豆腐300克、豆腐干120克、腐竹45克、豆腐脑1千克、豆浆1.2千克等。

对于肉类或鱼虾摄入量不足的家庭，应该增加大豆制品摄入。如果必须用哪种食物代替部分肉类或鱼虾的话，那就非大豆制品莫属。

8. 坚果

坚果富含蛋白质、多不饱和脂肪酸、脂溶性维生素和微量元素，且与大豆有很多相似之处。所以《中国居民膳食指南2007》把两者合并推荐。常见的坚果有花生、西瓜子、葵花子、核桃、开心果、松仁、杏仁、腰果、南瓜子、榛子等。市面上有时还可以买到不太常见的坚果，如夏威夷果（澳洲坚果）、鲍鱼果、山核桃（小胡桃）、长寿果等。

多数坚果含有大量脂肪，如花生含脂肪45％，葵花子50％，核桃60％，松子70％。因此，坚果是特别适合孩子们用于加餐的零食。

9. 奶类

奶类是哺乳动物专门用来喂养下一代的"专利产品"，营养素种类齐全、含量丰富、比例适当、易于消化吸收，营养价值极高。尤其是钙含量多，吸收率高，可以满足孩子生长发育所需大量的钙。中国营养学会膳食宝塔建议，每天应喝奶250克～500克。

市面上，奶类产品多种多样，如纯牛奶、鲜牛奶、巴氏牛奶、早餐奶、酸奶、风味酸奶、低脂牛奶、低乳糖牛奶、奶酪、全脂乳粉、脱脂乳粉、炼乳等均适合备考的孩子，一般可根据自己的喜好选用。当每日饮奶量达到500克或者体重增长过快时，宜全部或部分选择低脂牛奶或脱脂奶粉，以避免摄入过多脂肪。当发生乳糖不耐受（饮用普通牛奶后腹胀、不适或腹泻）时，建议选用酸奶、奶酪或低乳糖牛奶。

这些奶类既可以用于早餐，又很适合加餐饮用。不过，在任何时候都不推荐给孩子们选用各种牛奶饮料，如果粒奶优、营养快线等，尽管它们常常以假乱真，且十分流行。因为它们的营养价值很低，蛋白质含量通常只有1%左右，远远低于普通牛奶（蛋白质≥2.9%）。

10. 食用油

食用油用于烹调食物，故又称"烹调油"。食用油虽然也提供一些营养素，如必需脂肪酸（亚麻酸和亚油酸）和维生素E等，但它的主要作用是提供能量，以及烹制食物使之美味好吃。

调查表明，城市居民平均每人每天摄入44克烹调油，大约是上述推荐量的2倍。因此，需要减少食用油摄入量，以避免能量和脂肪过多，尤其是那些肥胖或体重增长过快的孩子，"减油"非常重要。

控制食用油摄入量对孩子的食谱有很大影响。首先，要避免油炸、过油等烹调方法，多选择清淡的菜肴；其次，即使是炒菜或炖菜，也要注意少放油；最后，尽量不要食用添加大量食用油的加工食品，如油条、麻花、油饼、葱油饼、抛饼、方便面、饼干、某些面包、蛋黄派及巧克力派等小零食。

为了改变食用烹调油太多的习惯，真正控制住烹调油的食用量，我们建议每个家庭都使用带刻度的油壶，定量用油。

食用油的品种要多样化。因为不同来源植物油中各种脂肪酸含量不同，要想获得全面合理的脂肪酸，就必须使食用油多样化。

目前超市里售卖的植物油种类很多，根据营养特点，它们大致可分为三大类：第一类是大豆油、花生油、菜子油、玉米油、葵花子油等以亚油酸为主的植物油；第二类是油茶子油（山茶油）和橄榄油等以油酸为主的植物油；第三类是亚麻子油（亚麻油）和紫苏油等以亚麻酸为主的植物油。其他还有芝麻油、核桃油、南瓜子油等。备考孩子的食谱应包括以上各类植物油，交替或混合食用。

除上述10大类食物外，备考期间饮水应以白开水为主，外出不方便时可以买矿泉水喝，尽量少喝饮料，尤其是含咖啡因的碳酸饮料、咖啡以及含酒精的饮料。茶水也不在推荐之列。方便面、饼干、蛋黄派、火腿肠等方便食品大多添加大量油脂、糖类、食盐，以及色素、香精、甜味剂等食品添加剂，故大多并不适合备考孩子食用。

二、三个基本原则，科学调配日常食谱

了解十大类食材之后，有些妈妈可能仍会发愁，如何才能把看起来每一种都很重要的食材落实到一日三餐中呢？如何才能做到品种齐全，数量也合理呢？关键是掌握配餐的3个基本原则：

第一，餐餐都要有主食。这既符合均衡饮食的基本要求，又符合中国人的饮食传统。不过，现在的问题是主食普遍过于精细，白米饭、白馒头占据餐桌，缺少粗粮。主食应增加粗粮，粗细搭配，如二米饭、红豆饭、绿豆饭、小米粥、杂粮粥、玉米饼、燕麦片、全麦馒头、全麦面包、全麦面条等。

另一个常见的主食问题是添加过多食用油。大米、面粉、杂粮、杂豆等主食类食物本身含脂肪极少，口感平淡无味，所以有时要添加食用油、糖或其他物质，增加脂肪和糖，并获得香味、甜味和诱人口感，如油条、麻花、油饼、葱油饼、抛饼、方便面、饼干、某些面包、蛋黄派及巧克力派等。这些食物不符合备考孩子饮食控制食用油的要求，应该少吃。

第二，餐餐都要有蛋白质食物。蛋白质是青少年最重要的营养素，处在生长发育阶段的孩子需要更多的蛋白质，所以鱼、肉、蛋、奶、大豆制品等高蛋白食物对备考的孩子特别重要。更为重要的是，这些高蛋白食物往往也富含其他重要营养素，如钙、铁、锌、维生素A、B族维生素等，所以家长在给备考孩子配餐时要紧紧抓住蛋白质食物这个核心。

蛋白质在身体内无法储存，且从食物蛋白质消化吸收而来的氨基酸在血液中只停留4~6小时，之后便转化为其他物质。要使孩子们得到最佳的氨基酸（蛋白质）供给，三餐都摄入蛋白质是很好的策略。

一般地，早餐可以用奶制品、蛋类、大豆制品等提供优质蛋白质；午餐和晚餐可以用畜禽肉类、鱼虾类、蛋类、大豆制品等提供蛋白质；加餐则可选用奶类、坚果类等提供蛋白质。

第三，餐餐都要有蔬菜。蔬菜是食用量最多的食物之一，维生素、矿物质和膳食纤维含量十分丰富，且能量很低，具有很高的健康价值。因此建议每餐都要有蔬菜。蔬菜品种也很关键，绿色叶菜首当其冲，应该作为餐桌蔬菜主力。红黄颜色或紫色蔬菜的营养价值也不错，可作为绿色叶菜的补充。食用菌非常独特，可使餐桌蔬菜更丰富多样。

除上述3条原则外，加餐（零食）对备考孩子的饮食也十分重要。坚果类、酸奶、牛奶、奶酪、新鲜水果或果汁、蔬菜或蔬菜汁、全麦制品等都是很好的加餐食物，而高脂肪、高能量、高添加剂的饼干、蛋黄派、方便面、膨化食品、油炸零食（薯条、薯片）以及碳酸饮料等则不宜选用。

当孩子们的饮食难以达到平衡膳食要求时，适当服用营养素补充剂是必要的。有时候，即使食谱尚好，为了确保营养素充足，也可以服用营养素补充剂。

三、健康烹调，调味品知一二

烹调离不开调味品，一道菜是否好吃，调味品往往能起到关键作用。目前市面上调味品五花八门，形形色色，但本书餐单所用调味品去繁就简，一来便于家庭烹调，二来也降低食品安全风险。

❶ 食盐

根据国家有关政策，食盐是由盐业公司统销的，且强制加碘。加碘盐是碘的主要来源。根据中国居民膳食指南的建议，每天宜摄入食盐6克。除烹调菜肴直接添加的盐外，味精、鸡精、酱油、酱类、食用碱、醋等含盐或含钠的食物亦包括在6克之内。而目前城市居民人均食盐摄入量在10克左右，超过6克。所以妈妈们要注意限制食盐摄入量，那么如何才能做到呢？

我们推荐选用低钠盐。顾名思义，低钠盐就是指钠含量相对比较少的食盐（氯化钠），即用氯化钾和氯化镁代替一部分氯化钠的食盐，使食盐中钠含量降低25%左右，但咸度基本不变。目前，在一些大型超市，可以很容易地买到低钠盐（低钠盐也是加碘的）。低钠盐里含有较

多的钾和镁，对绝大多数人也是有益的，但肾功能不全的人则应避免选用。

不论是否使用低钠盐，养成清淡的饮食习惯都是关键。用酱油、酱料、蚝油、味精、鸡精等含盐或钠的调料后，要减少或避免使用食盐。烹调时不要早放盐，而是等菜肴出锅前再放，这样食盐集中在食物表面，舌上味蕾感受较强咸味。避免吃咸的食物佐餐，如咸菜、榨菜等。

❷ 酱油

酿造酱油是以大豆（或脱脂大豆）、小麦（或麸皮）为原料经微生物发酵制成的，含有食盐、氨基酸、糖类、有机酸、色素及香料等成分。还有一类酱油是"配制酱油"（产品标准SB 10336月2000），用植物蛋白水解处理所得之氨基酸液为主要原料制造，其营养价值不及酿造酱油，安全隐患较多。因此，建议妈妈们选用酿造酱油（产品标准GB 18186-2000）。

酿造酱油按质量由高到低分为特级、一级、二级和三级共4个等级。区别它们的一个重要质量指标是"氨基酸态氮"，代表酱油的鲜味程度。特级酱油氨基酸态氮要求≥0.8克/100毫升，而三级酱油要求≥0.4克/100毫升。因此，选购酱油应选择"氨基酸态氮"含量较高的。

酱油一般有生抽和老抽两种。生抽颜色比较淡（红褐色），味道较咸，主要用于烹调提鲜（如普通炒菜）；老抽颜色比较深（加入了焦糖色，呈棕褐色），味道咸中带甜，一般用来给食品着色用（如红烧菜肴）。本书餐单中经常使用的是生抽。因为生抽本身具有提鲜的作用，有些酱油产品甚至还添加了鲜味剂（味精等）增鲜，所以建议使用生抽烹制菜肴后就别再使用味精或鸡精了。此外，生抽含有较多食盐，一般5毫升生抽大致相当于1克食盐，如果菜肴用生抽，应减少食盐用量。

酱油产品的特色种类有很多。蒸鱼豉油更适合烹制鱼类；豉油鸡汁更适合烹制鸡肉；日本酱油更适合蘸食寿司；豆捞酱油是火锅豆捞的绝佳配料。最值得推荐的是加铁酱油（铁强化酱油），按照国家标准和相关管理部门的要求加入了"EDTA铁钠"（乙二胺四乙酸铁钠），有助于防治缺铁性贫血，特别适合备考的孩子们食用。加铁酱油在标签上印有特殊标识，让购买者一目了然。

3. 醋

醋的主要成分是醋酸，在烹调中主要提供酸味。醋按加工工艺可分为酿造醋、配制醋和调味醋（如水果醋）；按颜色可分为黑醋（陈醋）和白醋（米醋）；按原料分为白米醋、糯米醋、酒精醋和水果醋。醋还是很多地域的特色产品，如山西老陈醋、镇江香醋等。

醋的味道主要由其酸度决定，但原料、酿造工艺也对风味有很大影响。例如，著名的山西老陈醋，不仅酸度高（有些≥6.0），而且原料和工艺与普通醋不同，风味独特。消费者可以根据自己的口味偏好来选择醋，但我们建议选用酿造醋（产品标准GB 18187–2000），而不是配制醋（产品标准SB 10337–2000）。酿造还是配制一般在产品标签上均有注明。

4. 豆豉

豆豉是一种在长江以南一些地区广为使用的调味品。它是以黑大豆或黄豆为主要原料，利用毛霉、曲霉等发酵作用加工而成。豆豉为传统发酵豆制品，营养丰富，颗粒完整，乌黑发亮，松软即化，不但可以作为调料，也可直接蘸食，古人还曾经把豆豉入药。豆豉以产于阳江者即阳江豆豉最为有名，历史悠久，口味众多。

豆豉既能给菜肴增香添色，又能刺激食欲，只要放进少许，就能使菜肴别有一番风味，特别适合蒸鱼、肉、排骨和炒菜。不管做什么菜，加一勺豆豉，或可化腐朽为神奇，适用于改善食欲。

❺ 香辛料

香辛料主要是指在烹调食物时使用的芳香植物，如大蒜、葱、姜、花椒、胡椒、辣椒、辣根、桂皮、香叶、肉桂、草果等。它们有强烈的呈味、呈香作用，能促进食欲，改善食品风味，但营养作用很小。这些香辛料对人体一般是安全的，可以根据自己的口味喜好选用。

香辛料经常混合使用，常用的有五香粉、十三香、辣椒粉、咖喱粉等。五香粉是用茴香、花椒、肉桂、丁香、陈皮5种原料混合制成，有很好的香味。十三香包括紫蔻、砂仁、肉蔻、肉桂、丁香、花椒、大料、小茴香、木香、白芷、三奈、良姜、干姜等。

❻ 增鲜调料

增鲜调料主要指味精、鸡精、鸡粉等。味精的成分是谷氨酸钠，鲜味较强。鸡精是在味精基础上添加核苷酸和食盐等，使鲜味更醇厚。鸡粉又在鸡精的基础上添加鸡肉提取物（嘌呤）等，味道与鸡精相似。

增鲜调料能改善食物口味，少量使用即可获得鲜味倍增的效果，是消费量极大的调味品。虽然关于味精和鸡精有害的传言甚多，但它们其实是非常安全的，适量食用不会产生健康危害。

四、认识食品包装

选用包装食品时要注意配料表，包装食品配料表能给消费者提供非常有用的信息。妈妈应重点关注以下几种原料：

1.各种油脂，如植物油、精炼植物油、氢化植物油、植物起酥油、植物黄油（奶油）、棕榈油、椰子油等。

添加油脂后，食品的脂肪和能量大增。氢化植物油、植物起酥油、植物黄油等含有较多反式脂肪酸，对血脂有不良影响。棕榈油（有的产品用"精炼植物油"打马虎眼）、椰子油、动物油等含有较多饱和脂肪酸，也对血脂不利。实际上，在配料表中添加花生油、大豆油、玉米油、橄榄油等健康油脂的食品少之又少。

2.钠，包括食盐（氯化钠）、苯甲酸钠、磷酸钠、糖酸氢钠、谷氨酸钠、亚硝酸盐、异维生素C钠等所有钠盐。

食品中不同来源的钠盐作用不同，有的是为了调味，有的是为了防腐，有的是为了提高稳定性，有的是为了上色，但有一点是共同的，它们都会影响血压，对防治高血压有害。

3.各种糖类，如白砂糖、葡萄糖、麦芽糖（饴糖）、果葡糖浆、麦芽糖浆、糊精、淀粉等。

这些糖类不但没有什么营养价值，而且除白砂糖外，其他糖类都具有较高的血糖生成指数（GI），尤其是糊精、淀粉等添加量通常较大（增加重量和体积），升高血糖的作用更为明显。

4.胶质添加物，如卡拉胶、黄原胶、瓜尔豆胶、刺槐豆胶、海藻胶（海藻酸钠）、琼脂、魔芋胶、食用明胶等。

现在添加各种胶的食品，如饮料、肉制品、酸奶、奶制品、果冻、火腿肠、小零食等越来越流行。加胶可以使饮料、酸奶或奶制品浓稠（增稠），果冻成形，火腿肠赋予弹性和光滑度，等等。添加到食品中的胶可以分为两类，一类是植物来源的，如卡拉胶、黄原胶、瓜尔豆胶、刺槐豆胶、海藻胶等；另一类是动物来源的，如食用明胶。前者一般难以消化吸收，穿肠而过；后者消化后成为氨基酸，虽然营养价值不高，但安全无害。

5.营养添加物，如蛋白质、卵磷脂、各种维生素和矿物质等。

有时候，包装食品中也会添加一些具有重要营养价值的原料，如鸡蛋、奶粉、乳清粉、维生素C、B族维生素、维生素E、胡萝卜素、钙盐、铁盐、锌盐等。这些添加物能提高该食品的营养价值。

6.其他食品添加剂，如色素、香精、防腐剂、人工甜味剂、增稠剂、乳化剂、塑化剂等。虽然这些食品添加剂在正规应用的情况下，对人体健康是无害的，但是它们几乎没有任何营养意义，应尽量少给孩子食用，尤其是那些添加剂很多、营养很少的加工食品。

五、厨房用品小知识

烹调高手往往把炊具、器皿、厨房小电器用得出神入化。家庭烹调时用好这些工具是提高厨艺的捷径之一。

❶ 砧板（菜板、墩）

为了避免交叉污染，家庭厨房要准备两块砧板，生熟分开。推荐选购整块木材制作的，而不是由木块或者竹板拼接加工而来的砧板，原因是我们顾忌拼接生产工艺中使用的化学黏合剂。如果选用塑料砧板，建议切制食材温度不要高，同时避免大力斩剁，尽量减少可能的有害物附着在食材上。

不论是哪种菜板，用完后都要及时清洗干净，竖着悬空挂放在通风的地方，让其风干。不要紧贴墙放或平放，否则另一侧晾不到，很容易滋生真菌。清洗时，可用硬刷子蘸上洗洁精、盐、醋刷洗，然后用清水反复冲干净，定期用开水烫洗。

❷ 锅具

厨房少不了各种锅具。按功能可分为电饭锅、压力锅（高压锅）、炒锅、蒸锅、煎锅、汤锅等，适合加工不同的食物或菜肴；按材质可分为不锈钢锅、铁锅、铝锅、砂锅、不粘锅、复合材质锅等，可根据情况选用。一口好锅，对烹制出美味菜肴是很关键的。

不论哪种锅，都应尽量避免化学涂层，虽然是否存在危害尚不明了，但是有争议。锅铲经常接触高温，也不要使用塑料或者高分子合成制品。

❸ 器皿

盛放食物和汤汁的器皿推荐使用陶瓷、玻璃或陶制品，而且要注意烧造后尽量少些涂层上釉上色。不锈钢或者不锈铁的生产良莠不齐，不要用这类制品盛放酸性菜肴汤品或者果汁，以避免重金属的污染。玻璃器皿最容易清洁不留污渍。

❹ 家用豆浆机

使用家庭用豆浆机自制豆浆既简单方便、经济实惠，又安全卫生。自制豆浆时加入少量花生，可使豆浆增香并口感润滑。还可根据自己的口味偏好加入黑豆、青豆、玉米、芝麻等，营养更全面。掺杂绿豆、谷物等富含淀粉的原料后，豆浆口感有一点点发黏，有人可能不喜欢。也可以在豆浆制作好之后，调入蜂蜜、椰汁、炼乳等既补充营养、又丰富口味的食品。

大豆经过充分浸泡才能打出口感细滑的豆浆，且减少出渣率。一般要浸泡10小时以上，当气温较高时，应放入冰箱或多换几次水，以避免菌类滋生。有时候，前一晚忘记按时浸泡大豆，可改用热水浸泡，使浸泡时间缩短。有些豆浆机无须泡豆子，可以直接打成豆浆。

一般豆浆机加热温度和时间都很充分，可确保灭活大豆中天然含有的胰蛋白酶抑制剂、皂素等有毒物质，自制豆浆是安全的，不必担心。

❺ 家用面条机

面条搭配蛋类、肉类，再加上一些蔬菜，简单调味之后就能搭配出很有营养的一餐，非常适合孩子食用。但很多时候，难以买到很理想的面条。方便面自不必说。挂面大多加了食用碱和食盐，前者破坏B族维生素，后者增加食盐摄入；切面也要加食盐或碱；很多所谓的鸡蛋面或蔬菜面大多只是加了色素和香精而已，所含鸡蛋或蔬菜极少。如果自己做面条就不同了，可以加入鸡蛋、蔬菜汁等，还可以加入部分全麦粉、粗粮粉、黄豆粉、豆渣（制作豆浆过滤出来的）等，使面条的营

养大增。有家用面条机帮忙，自制面条就变得容易多了。

6. 家用面包机

　　家用面包机可用于制作各种风味的面包，几乎是全自动的，只需要按照机器说明书上的配方和程序来操作，就可以做出多种风味各异的面包。一般在晚上打开面包机，装配好原料，次日清晨就可以吃到香气扑鼻的面包了。现在很多家用面包机都是多功能的，还可以和面、做蛋糕、做酸奶等，非常方便快捷。

　　面包机制作面包其实一点儿也不复杂，主要有和面、发酵和烘烤3个过程。面包机利用内置的电脑程序，在固定的时间点发出和面、发酵和烘烤的指令，从而制作出面包。配料不同，则面包的风味不同。利用全麦粉、杂粮粉等健康原料，就可以制作出真正的全麦面包、粗粮面包等，这样品质的面包在市面上几乎买不到。

7. 其他

　　微波炉、烤箱、电饼铛、煮蛋器、奶锅等都是家庭烹调的好帮手，酸奶机、搅拌机、榨汁机等则用于制作某些特色食物。

第二章
考前365天营养餐单

02

第一周饮食日志

2013年6月28日 周五　阴天

晚餐：八宝粥、过水芦笋、凉拌海带、红烧鲤鱼、可乐鸡翅

水果：香瓜、圣女果

碎碎念 今天突然决定写这份日志，作为对女儿长大不舍的一份寄托。

　　下班路上一如既往的堵，好在有老父亲在，帮我准备好食材，甚至有老父垂钓的一条鲤鱼。即便如此，到家做好饭都7点半了，所以就没再准备消夜。

2013年6月29日 周六　阴天

早餐：牛奶麦片

午餐：番茄鸡蛋面、白灼基围虾、梅花肉炒鲜黄花菜、蒸鱼豉油拌生菜

水果：樱桃、圣女果

晚餐：米饭、鱼头豆腐汤、蒜蓉苋菜、肉丝炒草菇

消夜：香蕉奶昔

碎碎念 今天周六，单位组织奥林匹克森林公园游园，我和雷先生早早出门，打算赶在工会集合之前自己就游。如预期一样我们在9点工会集合之前步行完5公里，赶紧往家走，想给可能还在补觉的阿雨准备早餐。结果路上打电话，小家伙自己起床做了牛奶麦圈吃了！看来孩子是饿不着了。

鱼头豆腐汤

原料： 鳙鱼头（又称胖头鱼）半只，豆腐150克，鲜姜、香菜、盐、味精、花生油各适量。

做法：

1. 鳙鱼头清洗干净，去血水，加少许盐、味精腌渍20分钟。

2. 锅中放少许花生油，放入鲜姜略炸，放入处理好的鳙鱼头煸炒，然后加水，待水开后加入豆腐。

3. 再次开锅后放入适量的盐，配上香菜调色即可出锅。

营养点评： 鳙鱼头相对鱼的其他部位含有更多的脂肪，且水产品的脂肪多为不饱和脂肪酸，对于有意给孩子补充DHA（脑黄金）的家长，这道菜不失为一个好选择。

> **营养师妈妈私房话**
>
> 这是一道需要现烹制现吃的菜肴，建议掌握好量，二次加工容易有腥气。

2013年6月30日 周日　天气闷热

早餐：花生薏米大米粥、卤水豆腐蘸酱、水果

午餐：南瓜大米粥、烤馒头（外购）、鲤鱼炖豆腐、可乐鸡翅（周五剩的）、凉拌菠菜粉丝、醋烹土豆丝

晚餐：南瓜大米粥、蒜蓉芥蓝、肉丝炒豇豆

消夜：香蕉奶昔

碎碎念 父亲一早出门遛弯儿了，我们三人吃早餐，一早差遣雷先生去早市买了一块热乎乎的豆腐回来，我们早餐蘸酱吃。告诉阿雨这是我小时候的吃法，超好吃，阿雨欣然接受，自此爱吃这口！

阿雨早上吃完饭就去了学校，说是网报课程去了。中午回来吃饭，煮的粥吃得不多。我暗下决心，我可以按自己的想法准备，但是一定不逼着阿雨吃。

一周食谱**营养点评**

在初三、高三孩子的饮食中，重要的是潜移默化地教育孩子知道选择健康的食物，学会合理的膳食结构安排，这才是保证健康的根本。锻炼孩子一生都具备健康的生活习惯、合理的饮食选择是作为父母的我们最不容刻缓的责任！因此在整个食谱的设计实施中，我都会有意识地选择学校食堂可能不会提供的食物作为家庭饮食品种的首选，这样可以最大可能地让孩子不会挑食、偏食。营养全面，才能保证健康，应对一切的压力，何况"小小的"中考、高考，这在今后的一生中可能只能算一段小插曲。

主食方面尽量不选择单一的白米、白面作为主食的来源，尽量混合杂粮、杂豆、薯类，丰富主食品种。比如八宝粥、南瓜粥。由于烤馒头对中和胃酸有一定的作用，因此我会有意识地选购。其实我在主食安排中尽量避免外购主食，以减少添加剂对孩子健康的影响。

蔬菜方面，芦笋、草菇、苋菜基本在学校饭堂很少见到，我会有意识地使用，尤其芦笋营养丰富，草菇风味独特，苋菜含有的苋菜红对于刺激食欲有一定效果，这些菜我会在应季的时候经常选用，包括菠菜、生菜等，都属于便于加工的蔬菜。由于菠菜富含植酸，会影响铁吸收，所以妈妈们可以把择净的菠菜用开水汆一下，然后再烹调就解决问题了！海带是我们常备的一种食物，因为它便于存放，还是补碘佳品。

本周餐单在鱼禽肉蛋的选择上，除了注重丰富品种外，我也会有意识地把高脂肪的食物和低脂肪的食物匹配，努力使膳食脂肪比例（饱和脂肪酸、单不饱和脂肪酸、多不饱和脂肪酸的比例）更贴近健康要求，比如基围虾搭配梅花肉、鲤鱼搭配鸡翅等。

奶制品是孩子补钙最好的来源，在整个养育阿雨的过程中我都努力培养阿雨喝奶的习惯，好在阿雨也养成了这种习惯。在甜品店偷师学艺学会了做奶昔，既丰富了奶制品的品种，也使整个饮食结构更为合理。奶昔里可以任意加孩子喜欢的味道，比如香蕉（阿雨最喜欢）、西瓜、杧果、草莓等。

第二周饮食日志

2013年7月1日　周一　　天气依然闷热

早餐：牛奶鸡蛋燕麦粥

消夜：香蕉奶昔

(碎)(碎)(念) 从今天开始，阿雨要进行为期三天的期末考试。闷了一天，晚上终于下雨了，我们接阿雨下晚自习回来，给阿雨准备了她最爱的香蕉奶昔。

2013年7月2日　周二　　难得晴朗的日子

早餐：番茄鸡蛋紫菜汤、烤馒头

消夜：香蕉奶昔

(碎)(碎)(念) 晚上阿雨自己骑车回来，说还要喝香蕉奶昔，我一冲动加了三根芝麻蕉进去，做好一大碗，将近500毫升，真担心阿雨会不舒服，下次可不这么干了！

2013年7月3日　周三　　战酷暑的一天

早餐：冷面、乌鸡蛋、奇异果

消夜：南瓜豌豆大米粥、卤水豆腐蘸酱

(碎)(碎)(念) 今天期末考试结束！为了避免不适，我们冷面热做。阿雨考完试又上了晚自习才回来，路上发短信说饿了。下班时我去买了新鲜的豌豆，煮了粥给她留着。她今天看起来心情不错，喝了粥，吃了豆腐，还要喝奶昔。我没敢做太多，得多大肚子啊，还是节制点吧！

梅花肉炒黄花菜

原料：梅花肉50克，鲜黄花菜250克，料酒、盐、鸡精、植物油各适量。

做法：

1.梅花肉切片，放入料酒、盐、鸡精腌渍备用。

2.鲜黄花菜择去花蒂，冲洗干净后放入开水中迅速汆一下后捞起，备用（一定要快，鲜黄花菜太娇嫩了）。

3.锅底放少量油爆炒腌渍好的梅花肉，变色后倒入汆好的黄花菜，加入盐、鸡精，迅速翻炒出锅。

Yingyangshi mama de Sifangcai

营养师妈妈的
私房菜

营养师妈妈私房话

操作要点就是急火快炒！

营养点评：黄花菜富含蛋白质、碳水化合物，尤其是磷的含量高于其他蔬菜。黄花菜是季节性较强的一种食物，花季短，因此要抓紧时间吃上几顿哦。

2013年7月4日　周四　高温一整天，下午下班居然阴云密布，狂风大作，一路邪风，可是一进丰台，又变成了晴天

早餐：烙饼（外购）、牛肉丸子冬瓜番茄汤

晚餐：猪肉大叶芹包子、南瓜鲜豌豆大米粥、葱头炒牛肚、凉拌黄瓜凉皮、肉丝炒豆芽

㊕㊕㊕ 阿雨今天没上晚自习，早回家，我们两人打了会儿羽毛球，基本旗鼓相当。难得平常日子回来吃顿晚餐，晚餐的包子馅儿用的是大姐在应季的时候从家乡山上采回来立即焯过后冰冻上的大叶芹，是东北很家常又很珍贵的一种山菜，老爸来北京的时候带过来的，非常绿色，关键是有无限的爱心！晚餐吃得有些晚，就没做消夜了。

2013年7月5日　周五　热

早餐：猪肉大叶芹包子、葵花子黄豆豆浆

晚餐：红豆薏米大米粥、醋烹土豆丝、凉拌黄瓜葱头、葱烧鸭血、育青鸡（熟食外购）

㊕㊕㊕ 明天学校安排高三拉练作为誓师，很晚了阿雨还在网上遨游，我气得没法，把网断了。孩子情急之下，对我说了难听的话。当时我对阿雨的反应很吃惊，心里凉凉的，郁闷了好半天，和远在家乡的姐姐聊了聊，虽然不至于真的和孩子置气不管她了，可是确实很难过！一晚上没再理她，也没有准备消夜，早早就睡了。

2013年7月6日　周六　　阳光明媚

早餐： 牛奶鸡蛋燕麦粥

午餐： 烤馒头（外购）、拆好的育青鸡（外购）、圣女果

（碎）（碎）（念） 早餐为了赶时间，做了阿雨最容易接受的燕麦粥。今天是学校拉练第一天，要求带午餐，就给她准备了不怕凉的烤馒头、育青鸡和既是水果又是蔬菜的圣女果。晚上他们露营在野外。

2013年7月7日　周日　又开始闷热了

晚餐： 鲜豌豆蒸米饭、葱烧青虾、梅花肉炒草菇、梅花肉炒鲜黄花菜、红烧肉

（碎）（碎）（念） 阿雨学校入境训练够劲儿，昨天拓展，今天进行32公里拉练，孩子回来脚起泡了，鼻头晒伤了。据说几百个孩子，也就十来个掉队的，十一学校就这点好，很锻炼孩子，我想阿雨也是硬撑下来的。我问她，她说不轻松，累死了，七八个小时的行程哦！

虽然还没有原谅她周五的言语行为（显然她有察觉，回来虽然很累，话还是比较多，明显有做错事之后的小心），但是看着晒得红红的鼻头、走得起泡的小脚，我还是忍不住心疼她。晚上特意给阿雨做了烧大虾和红烧肉。

一周食谱**营养点评**

　　主食方面：本周实现了自己的几个自创食谱，第一个就是牛奶鸡蛋燕麦粥了，通常我们三人份的比例是燕麦片120克、鲜奶200毫升、60克左右的鸡蛋一只。燕麦先用水浸泡两分钟，1000毫升～1200毫升的水烧开后放入浸泡过的燕麦片，水开后搅拌两分钟，加入打散的鸡蛋，再次开锅后就可以关火了，加入鲜奶拌匀，大概每人一份正合适。早餐再配有一定的蔬果类就更完美了。

　　花卷、馒头、包子是我近几年才敢自己尝试的面食，因为担忧外边面食的安全卫生等问题，我开始自己尝试做面食。馒头、花卷、包子等，一般会选购全麦面粉或者富强粉，必备的当然还有酵母粉。在烹制面食的过程中，我会把家里常有的配方奶粉放一些进去，因为家里没人接受配方奶，但是配方奶中含有的微量元素、维生素基本符合人体需求，既避免了浪费，又加了奶制品，还可以或多或少地补充些维生素和微量元素。发面只要按酵母粉上的说明，多尝试几次没有不成的。包子也是我们这一年早餐的常见主食，可以放些新鲜的蔬菜，比如油菜、白菜，甚至姐姐辛辛苦苦从远方带过来的大叶芹，随意地加上牛肉、猪肉，是一个不错的搭配。当然，家里的饺子皮无论阿雨在不在家我都坚持自己和面擀皮。

营养师妈妈私房话

　　我始终觉得能做些面食的女主人才是合格的女主人，但是事实证明，阿雨大学离家之后，我发面的机会也少了很多，所以我可能也只能算自己心目中合格的妈妈了，这是后话。

　　蔬菜方面，我们这周带来的最时髦应季蔬菜非黄花菜莫属了！新鲜的黄花菜今年第一次搬上我们家的饭桌。根据我的知识储备，我知道新鲜的黄花菜如果处理不当可能会有一定的毒性，所以我很谨慎地加工，用水焯过之后烹调以解决其毒性的问题。第一次尝试我尽量让家人尝试很少的量，以防过敏。幸运

的是，我们一家四口，包括老爸都可以很顺利地接受这种食物，味道口感都能适应，再加上黄花菜花季短，所以我们很珍惜地吃了很多次。丝瓜也算季节性较强的食物了，因为阿雨不是很接受，我们用得不多，但是早餐一道丝瓜汤，易熟不费时间，偶尔尝试是可以的。豌豆开始上市了，一般周末我们都会买些回来剥出豆子放入冰箱冷冻，做饭煮粥炒菜都可以放一些进去，不但可以丰富膳食品种，重要的是新鲜的豌豆营养也更丰富。

本周餐单在鱼禽肉蛋的选择上，我尝试了几种丸子的使用。早餐阿雨并不是很中意单一蛋类的选择，但是鱼禽肉加工可能相对会比较费时，所以我想到了早上氽丸子给阿雨吃。一般我会选择后臀尖做肉馅，牛羊猪肉都可以。头天晚上，依据孩子的口味先把肉馅腌渍上，当天早上起床烧开水直接氽丸子，丸子浮起后放入蔬菜类。我比较常选择的有小油菜、白菜、冬瓜、丝瓜等，再适当调味即可。配上自己做的馒头、花卷别提多符合营养搭配了。

营养师妈妈私房话

因为阿雨一直体重都偏低，所以我的饮食安排并不怎么排斥适当摄入一些动物脂肪，何况初三、高三的孩子热量消耗也很大。

本周奶制品的摄入方式中我又发明了山药奶昔，灵感源于饭店里的山药汁，一样很好喝。200毫升的鲜奶，加80克～120克的山药。奶昔的制作方法很简单，把鲜奶和想放进去的原料一起放入料理机打碎即可。

营养师妈妈私房话

通常我买一根山药会一次蒸熟后分几次食用，有时候放久了，我们就用来煮山药粥。

第三周饮食日志

2013年7月8日　周一　今天一整天绵雨不断

早餐：鲜豌豆蒸米饭、小油菜猪肉丸子汤

消夜：鲜奶

2013年7月9日　周二　又是一夜的雨，闷热

早餐：猪肉大叶芹包子、牛奶燕麦鸡蛋粥、香瓜

晚餐：鲜豌豆粥、芹菜虾仁木耳、圆白菜粉条、水煮鱼（外购）

消夜：杧果奶昔

㊣㊣㊣ 老爸说阿雨起晚了，没来得及喝粥，就让她带了一个包子和水果去学校了。今天因预报有暴雨，学校取消了晚自习，我也因为今天早早就干完了活儿，提前到家。本来想偷懒，让老爸做饭，结果闺女说晚上不上晚自习，驾临晚餐，看看老爸做的，还是乖乖地给丫头要了一份水煮鱼外卖。

做消夜时家里没香蕉、山药等常用的食材，发明了杧果奶昔，得到阿雨肯定，安慰！

2013年7月10日　周三　天没放晴，不过不那么闷了

早餐：番茄鸡蛋面、杏

晚餐：花卷、凉拌黄瓜凉皮、尖椒牛肉粒、水煮鱼（昨天剩的）、大叶芹猪肉丸子汤、香瓜

消夜：杧果奶昔

㊣㊣㊣ 阿雨今天没有晚自习，早到家，心里急是有的，但是还没开工学习，显然她还没有进入状态。

不想多说了。希望她早日进入状态吧，待到她进入状态那天，我一定要好好纪念一下！想到昨天的杧果奶昔阿雨很喜欢，今天又做了一次。

鲜豌豆蒸米饭

原料：鲜豌豆150克，大米250克（3人份）。

做法：鲜豌豆洗净，与大米一起放进电饭锅，按煮饭挡即可。

营养点评：鲜豌豆营养丰富，口感好，建议应季的时候可以多多选择。

> **营养师妈妈私房话**
>
> 煮饭时豌豆色泽不太好，不知道是不是不太适合用电饭锅来做。做汤、炒制鲜豌豆色泽都很好，好在营养不会流失太多。

2013年7月11日 周四　天气很舒服，没有大太阳，不过有了雨后的凉爽

早餐：花卷、鸡蛋丝瓜紫菜汤

消夜：杞果奶昔

㊗㊗㊗ 今天我在外应酬，老爸负责阿雨的午餐和晚餐。我宁可自己回家给阿雨做饭。

2013年7月12日 周五

早餐：牛奶燕麦粥、杏

消夜：杞果奶昔

㊗㊗㊗ 早餐准备的杏没带，姥爷追出家门送杏给阿雨，叮嘱她别忘了吃水果。

2013年7月13日 周六

早餐：冷面、煮鸡蛋

晚餐：小白菜猪肉水饺、酱鸡胗、酱鸡心、火龙果

㊗㊗㊗ 今天数伏了，按头伏饺子的说法，干脆晚上包饺子给阿雨送去。完美的是阿雨刚好来电话说："妈妈，学校的饭太难吃了！"

下午因为自己的一个课题任务，跑趟医院，就觉得累得不行了，也没有准备消夜。阿雨回来我都上床了，结果阿雨连奶也没喝。

2013年7月14日 周日　闷热

早餐：番茄鸡蛋打卤面

午餐：花生大米饭、小油菜牛肉丸子汤、凉拌菠菜粉丝、醋烹土豆丝、咸蛋黄焗苦瓜

消夜：山药奶昔

㊗㊗㊗ 今天送完阿雨去学校，和雷先生中午很匆忙地给阿雨准备午餐。晚上阿雨"指示"不需要送饭了，松了口气。

一周食谱**营养点评**

　　本周算是食谱设计中开胃的一周了。观察到孩子的胃口不是很好，因此在饮食安排上尽量选择稍带刺激性的食物和促进食欲的烹调方法。

　　主食中冷面是我小时候在家乡比较中意的食物之一，现在在北京的市场也有销售了。阿雨没什么胃口的时候我们会做冷面给她吃，有时候担心早晨刚起床吃太冷的东西刺激胃肠道，会引起不适，我会用温汤来做给她吃。冷面配辣酱可以很好地刺激胃口，只需要再搭鱼禽肉蛋或豆制品就是极好的一顿开胃早餐。

　　突发奇想地来一道咸蛋黄焗苦瓜，虽然在我的知识范围内苦味败火是讲不通的，但是作为丰富膳食品种的一种方式，苦瓜也可以选择。阿雨并不是很接受苦瓜，其实我也不是希望阿雨接受所有食物，但偶尔尝试总是可以的。

　　水煮鱼的调料众多，且排场太大，通常我们不会在家烹调，但是阿雨极爱这一道菜肴，除了担心烹调用油的安全问题，这不失为一道极品菜肴，怪不得只要有中国人的地方几乎都有水煮鱼。它对由于备战可能受影响的味蕾是绝好的刺激！

　　酱鸡胗、酱鸡心是我发明的一道菜肴。鸡胗、鸡心含有丰富的蛋白质，维生素A含量也很高，且微量元素含量丰富，对于担心其维生素A含量过高的妈妈们，其实偶尔为之不为过。而且阿雨很喜欢海底捞的味道，我们通常会把吃海底捞剩下的调料带回来，做土豆丝用。这次我尝试了鸡胗、鸡心。山姆店的食品大都大包装售卖，由于信任它的食品，因此我们买它的千克装的鸡胗、鸡心各一份用水浸泡去除血水后用开水汆一下，控干水分备用，适当多放些油（2千克的鸡胗、鸡心我用了差不多100克的植物油），放入葱姜炒香后加入控干水分的鸡胗、鸡心翻炒至基本没有水分后，调以料酒、生抽、白糖，加入海底捞的调料翻炒至出香味，加入开水以浸过食材为宜，待水开后关小火焖至食材熟烂即可。

第四周饮食日志

2013年7月15日 周一

早餐：牛肉酸菜水饺

消夜：山药奶昔

(碎)(碎)(念) 姥爷早上醒得早，起来包饺子，今早阿雨有牛肉酸菜水饺吃，幸福得不一般。今晚本来想来点儿特别的奶昔，尝试水蜜桃奶昔，没想到被阿雨拒绝了，最后还是山药奶昔。阿雨说所有的奶昔中香蕉奶昔最好吃，明天买香蕉。

2013年7月16日 周二   终于阳光明媚了

早餐：花卷、番茄鸡蛋香菜汤

消夜：羊肉串、香蕉奶昔

(碎)(碎)(念) 阿雨近几次考试都不理想，没有被选进自主招生的培训班，相信她也很郁闷，可是看她怎么也进入不了状态的样子，我还是想和她谈谈。今天买了香蕉，消夜还是香蕉奶昔吧！

2013年7月17日 周三   早晚凉快，中午已经大热了

早餐：番茄鸡蛋香菜汤、花卷

晚餐：绿豆粥、醋烹土豆丝、可乐鸡翅、肉片扁豆焖粉条、豉汁酱油拌生菜

消夜：香蕉奶昔

(碎)(碎)(念) 阿雨从今天起在家自主学习，据说自己计划8点起床，吃过早餐回学校复习。早餐是姥爷做的番茄鸡蛋汤，配了我做的花卷。

醋烹土豆丝

原料：土豆200克~250克，葱丝、姜丝、白糖、白醋、盐、植物油各适量。

做法：

1.土豆洗净切丝，用水浸泡备用，烹炒之前沥干水分。

2.热锅放油，烹香葱丝、姜丝，放入沥干水分的土豆丝翻炒，依据口味加入白糖、白醋，中火翻炒数分钟，加入盐调味即可出锅。

> **营养师妈妈私房话**
>
> 浸过土豆丝的水中会因为土豆成熟度不同含有不同的淀粉，是不错的天然水淀粉，可以留作他用哦。

2013年7月18日 周四

早餐：猪肉酸菜水饺

晚餐：猪肉酸菜打卤面、豆腐蘸酱、豉汁生抽拌芦笋生菜

消夜：杧果奶昔

㊋㊋㊋ 下班回来就约阿雨去打羽毛球，姥爷做饭，从出门到回来一共才半小时就体力不支了。

2013年7月19日 周五

早餐：猪肉酸菜打卤面

晚餐：八宝粥、豆包、麻辣豆腐、拌三样（黄瓜、豆皮、海带丝）

㊋㊋㊋ 早餐是剩的猪肉酸菜卤，不过吃的是挂面，没有切面好吃，还是新鲜的好。

雷先生用海底捞调料做的麻辣豆腐挺好吃的。

下班后一家三口打了40分钟羽毛球，锻炼过后身体很舒服。

告诉阿雨明天妈妈要出差一天，去济南讲课，就一天。阿雨还是抱怨怎么老出差。我打马虎眼说反正在家两人也打架，其实心里知道阿雨希望妈妈一直陪在身边！

2013年7月20日 周六

早餐：冷面、煮鸡蛋、西瓜、凉菜

㊋㊋㊋ 吃完早饭和雷先生去早市转转，给他们买点菜回来，不然我走了，他们该糊弄了。买了鲈鱼（据说鲈鱼DHA含量更高些）、芦笋、苦瓜等。

忙活一上午，中午没吃饭就启程了，出发去济南。

2013年7月21日　周日

晚餐： 猪肉酸菜水饺、凉拌海带

消夜： 香蕉奶昔

碎碎念 出差回到家，让老爸把昨天在物美大卖场买的手工肉馅用来包饺子，我想吃韭菜馅的，可阿雨还是一如既往喜欢吃酸菜馅的，当然顺了人家大小姐！回到家发现阿雨在看书，欣慰。

 一周食谱营养点评

　　酸菜是东北人冬季的看家菜，从营养学的角度来说，腌渍过的蔬菜很多营养素水平下降很多，且腌渍过程可能会产生一些亚硝酸盐，对人体健康不利。因此，我不赞同经常食用酸菜。但是，作为风味的品尝偶尔吃一次也未尝不可。阿雨自从回东北老家吃了二姨给她做的酸菜就念念不忘。我想，吃饭除了为了保证营养供给外，让人心情愉悦也有着重大意义。在我们为阿雨调剂餐单的过程中会偶尔用酸菜做饺子、打卤面，只要适当配以新鲜的蔬果，也不失为好菜肴了！

营养师妈妈私房话

　　羊肉串能吃吗？很多父母可能会很惊讶：作为营养师妈妈的我怎么会选用这么不健康的食物给孩子。其实，只要肉质没问题且烤制得当，偶尔让孩子吃些他们喜欢的食物、喜欢的味道，纵使可能有些不健康的因素，也不算不理智的做法！包括麦当劳、肯德基的汉堡、鸡翅等也是同样的考虑，我们不会绝对禁止阿雨偶尔选择，但是阿雨确实很少选择在外就餐。

第五周饮食日志

2013年7月22日　周一

早餐：猪肉酸菜水饺

晚餐：米饭、扣肉、素什锦、五花肉炒菜花

消夜：香蕉奶昔

2013年7月23日　周二

早餐：番茄鸡蛋紫菜汤、花卷

晚餐：八宝粥、五花肉炒散花菜、凉拌海带、扣肉

(碎)(碎)(念) 今天港大夏令营发来活动信息，阿雨转给了我，让我帮她看看。但为了培养她处理问题的能力，我还是提醒了她要自己搞定，不然到香港也为难！

2013年7月24日　周三　　大大的太阳

早餐：麦当劳

晚餐：肉末香菇打卤面、豉汁酱油拌生菜、凉拌豆芽、鸡蛋酱蘸豆腐、西瓜

消夜：杧果奶昔

(碎)(碎)(念) 一早看见阿雨为参加学校的舞蹈演出穿着露肩膀的衣服，趁机教育了她几句，当时她听了，把衣服换了，希望她可以牢记。我是觉得对于女孩子来说，内在气质的修炼要比外表更重要，端庄一些会更美，但要她明白这些道理大概需要些过程。

2013年7月25日和2013年7月26日没有记日志，2013年7月27日～8月9日，阿雨参加港大历时12天的夏令营。

番茄鸡蛋紫菜汤

原料：番茄150克，鸡蛋2个，紫菜20克，植物油、盐、白砂糖、鸡精各适量。

做法：

1.番茄去皮切小块，放入油锅中煸炒（植物油少量），加入少许白砂糖。

2.开小火稍微焖一会儿，待熬制出番茄的汤汁后，加入开水；水开后放入打散的鸡蛋。

3.依据口味加入盐、鸡精。出锅前放入紫菜即可。

营养点评：这道汤配上主食，营养就更全面了！

营养师妈妈私房话

如果有香菜放入一两根，颜色更漂亮又有食欲哦！

一周食谱**营养点评**

　　素什锦是很多家庭的常吃菜，什锦的意思就是多种多样了。我们家这道菜的老三样就是芹菜、腐竹、花生。每个妈妈可以按自己的想法来搭配，只要颜色搭配好、品种众多就合格了。

　　本周新发明就是鸡蛋尖椒酱了。锅里放适当的植物油烧热，放入打散的鸡蛋（我们通常放4~5个鸡蛋），炒熟起锅。再次放油，将切碎的尖椒放入锅中炒出香味，倒入炒好的鸡蛋，依据口味加入豆瓣酱，拌匀即可。烹制好的酱用以蘸食豆腐、豆皮，以及一些可以生食的蔬菜，如生菜、油麦菜、苦菊等，都是极佳的，不比拌沙拉酱差哦！

　　这一周有姥爷的拿手菜——东北做法的扣肉，大体就是五花肉先水煮除去血水，再换水煮熟，然后切尽可能薄的片码在大碗上，撒上胡椒粉、酱油、葱花等再次上屉蒸至入味，出锅后直接扣在平盘上即可。这样的大肉我们偶尔会吃一点，阿雨也会吃上几块，确实脂肪含量够高！

第七周饮食日志

2013年8月9日　周五　晴空万里

晚餐：绿豆粥、葱烧青虾、可乐鸡翅、蒜蓉木耳菜、番茄炒圆白菜、水果拼盘（葡萄、木瓜、香蕉、杏等）

碎碎念 出游12天的阿雨今天终于回来了，其实她不在家的日子我很松散，但是不知道怎么有那么多的不舍，觉得她还是在家比较好。阿雨不到8点就到家了，回家后很兴奋。我还没烧好饭，最后一道菜葱烧青虾正准备上炉。阿雨兴奋地介绍了游学之旅。

2013年8月10日　周六　又一个大热天

早餐：红豆大米粥、葱烧青虾

午餐：外出就餐（凉面、牛肉面、卤海带、四川泡菜、叶儿粑）

晚餐：花卷、肉丝炒草菇、生吃彩椒、盐水毛豆、滕氏酱鸭脖、猪心、果盘（葡萄、木瓜、杏）

碎碎念 阿雨参加夏令营十几天，雷先生与阿雨之间未做任何沟通，我很希望我们和孩子之间亲密无间，希望雷先生多和阿雨有些亲子交流，这对她的成长也是一种帮助吧。我提醒阿雨给老师们汇报一下夏令营的情况，性格比较内向的她却不肯。

2013年8月11日　周日

早餐：花卷、番茄圆白菜牛肉丸子汤

午餐："豆捞坊"火锅

晚餐：杂粮粥（芸豆、薏米、玉米、大米）、麻酱拌茄泥、可乐鸡、生吃彩椒、番茄圆白菜豆腐汤、五花肉炒瓠子、凉拌海带

消夜：香蕉奶昔

碎碎念 中午打算去看望爷爷，阿雨没有到学校自习。预报晚上有暴雨，阿雨饭后去学校的主意再次打消。今天阿雨在我的监督下终于给老师发了短信，老师立即给回了电话，可见还是应该多与老师交流。

营养师妈妈的
私房菜

可乐鸡翅

原料：鸡翅350克（约10个鸡翅中），可口可乐100毫升~150毫升，李锦记生抽适量。

做法：

1.锅中放凉水，放入鸡翅，让鸡翅与水同时煮开，去除血腥后将鸡翅捞起，备用。

2.另起锅，直接加入适量生抽、可口可乐，没过鸡翅即可。

3.大火烧开后改小火，慢慢收汁即可。

营养点评：鸡翅是日常生活中最常见的一道肉菜，也是孩子们最容易接受的一道菜。与猪、牛、羊等畜肉相比，鸡肉具有低脂肪、易消化等营养优势，在做法上以蒸、煮、炒和煲汤为宜。

一周食谱营养点评

本周时令食材是瓠子、彩椒、毛豆。我第一次烹调瓠子，它和西葫芦差不多，烹调方法也差不多。彩椒是阿雨和雷先生的最爱，我们家经常选用，生食是一种较好的选择，营养素不会流失，且基本不用加工。开始有毛豆了，毛豆营养丰富，夏季的时候有很多机会食用，炒菜、用盐水煮皆宜。

果盘制作也是我这一年练就的本事，从前都是拿起水果就吃，现在为了让阿雨能感受到色、香、味、形，有更好的胃口和心情，我一般会装盘端上，其实没什么技术含量，只要选应季的水果，注意颜色，再配上刀工就全了。

第八周饮食日志

2013年8月12日 周一

早餐：豆浆、油条

晚餐：杂粮粥、鸡汤、清炒苋菜、肉片焖扁豆粉条、拌三样（豆腐丝、黄瓜、凉粉）、盐水毛豆、西瓜

消夜：香蕉奶昔

(碎)(碎)(念) 老爸一早出去买豆浆、油条，心里很难接受外边早点摊的食物，无论卫生条件还是营养都不敢恭维。责备爸爸怎么不能煮点粥，吃个鸡蛋，加之昨晚的怨气，脸色一定不怎么好看。其实一再提醒自己不要给年老的爸爸脸色，这是起码的孝道，但自己却常常做不到。把阿雨从香港带回来的燕麦片放在桌上了，自己选吧！最终阿雨选择了豆浆、油条，有时候阿雨是懂事的，她知道选择豆浆、油条姥爷心里会舒服些。

2013年8月13 日 周二　　天气闷热

早餐：杂豆粥、阿雨吃的煮鸡蛋，我吃的鸡蛋羹

消夜：西瓜、鲜奶

(碎)(碎)(念) 阿雨今天又开始上课了，虽然不想动，但还是和雷先生一起去接上晚自习的阿雨回来。雷先生骑车，我们娘儿俩开车。现在通常都是我和雷先生开车到学校运动一会儿，然后雷先生把阿雨早上骑的车骑回来，我和阿雨开车回来！

2013年8月14日 周三

早餐：小油菜鸡汤面、卧鸡蛋

消夜：皮皮虾、香蕉奶昔

(碎)(碎)(念) 今天我们做科研项目去海鲜市场调研水产品，顺便给阿雨买回来一些皮皮虾。姥爷陪阿雨吃，还喝了点儿小酒，吃了两个皮皮虾，阿雨美美地把皮皮虾都吃了，还要求继续喝香蕉奶昔。

什锦卷豆皮

原料：锦州豆皮250克，鸡蛋1个，豆瓣酱50克（3人份），香葱、黄瓜、香菜、芦笋、胡萝卜等各适量。

做法：鸡蛋、豆瓣酱炒熟备用。将准备好的食材卷进豆皮里。用包卷好的食材蘸食。

营养点评：豆制品富含蛋白质、碳水化合物，配以各种蔬菜是较为理想的搭配，甚至可以满足一餐中碳水化合物、蛋白质、维生素、矿物质等需求。包卷的食材可以是各种蔬菜，如黄瓜、胡萝卜、香菜、芦笋等，蘸食鸡蛋酱，美味极了，比较清淡，可以在孩子没有胃口的时候尝试端上餐桌。

营养师妈妈的
私房菜

2013年8月15日　周四

早餐：蒸花卷、番茄鸡蛋紫菜汤

晚餐：水饺

消夜：鲜桃奶昔

㊀㊁㊂ 一早我刚上班，阿雨就汇报，手机被小偷半偷半抢"拿"走了。想着她很失落，晚上回来开导她，就当是小偷成全她专心读书吧，并且一再告诫，将来不管别人偷或抢，千万别去夺，因为生命比什么都重要。

晚上让老爸给阿雨送饭，结果饺子包失败了，忘记放盐了，阿雨没吃好晚餐。还好，她也懂事点了，没有任性地责怪姥爷。其实我并不怎么敢让老爸一个人做有时间要求的事情，担心他万一着急血压高。

2013年8月16日　周五　　闷热

早餐：牛奶鸡蛋燕麦粥、萝卜泡菜、水果梨

消夜：香蕉奶昔

㊀㊁㊂ 因为这个周末又不能闲着，所以下班就和同事直奔山姆店购买下周的食材。

2013年8月17 日　周六

早餐：花卷、番茄鸡蛋紫菜汤

中餐：育青鸡、豉汁酱油芦笋，主食在食堂解决

消夜：香蕉奶昔

㊀㊁㊂ 今天我要去听课，阿雨也上课，我一早起来给阿雨准备了早点，顺便把中餐也给她带上了。

2013年8月18日　周日　阳光明媚的一天，有点儿秋高气爽的感觉了

早餐：鲜奶泡麦圈

晚餐：猪肉豇豆全麦包子、绿豆粥、酸豆角炒肉丝、酱牛肉、西瓜

消夜：鲜奶

🔘碎🔘碎🔘念 今天我和雷先生去给阿雨的奶奶扫墓，阿雨要求自己准备早点，牛奶燕麦圈（自己从香港带回来的，估计在香港没少吃），中餐没来得及送，晚餐给她送到了学校。

阿雨晚上回来一路都在说："妈妈，同学都说妈妈对我真好。"到家了还在说杨茹老师也说将来要对自己的妈妈好。对我来说这是一顿晚餐换来的幸福。

一周食谱营养点评

本周的主食中有油条，是老爸买回来的，他并不接受我的一些理论，如反复烹调用的油可能有问题，最好每餐有饭有菜有肉，要控制烹调用油量，等等。他老人家接受不了，我有时候会任性不高兴。麦圈是阿雨从香港自己带回来的，不理解阿雨为什么喜欢这些洋玩意儿，干干的直接用鲜奶一泡就吃。

鸡汤是阿雨的最爱，我煮鸡汤的绝技是除了葱姜什么都不放，出锅前依据阿雨口味放一点儿盐即可。虽然我知道鸡汤中的营养远没有民间说得那么神奇，但是因为爱，让它有了如此神奇的疗效，阿雨感冒、食欲差、经期我都会用这道菜表现一下。

阿雨喜欢的海鲜不多，而且多数喜欢自然烹调，像皮皮虾、基围虾、扇贝、鲍鱼等，几乎就是纯天然烹调，不用任何调味品，直接煮食即可。

第九周饮食日志

2013年8月19日　周一　又是晴朗的一天

早餐：猪肉豇豆尖椒包子、紫菜鸡蛋虾皮汤

消夜：香蕉奶昔

(碎)(碎)(念) 今天二姐来了。我、雷先生、二姐一起接阿雨放学，够隆重。

2013年8月20日　周二　晴

早餐：红豆米粥、卤鸡胗

消夜：香蕉奶昔

(碎)(碎)(念) 二姐来的第二天，我们三人去接阿雨，显见阿雨的心情也好得很。

8月21日～8月26日　出差

第十周饮食日志

2013年8月26日 周一 晴

晚餐：米饭、豆腐蘸酱、盐水毛豆、凉拌海带、猪肉生笋木耳、扣肉、凉拌燕麦面筋、干煎带鱼

碎碎念 今晚三位大厨下厨，确实有点儿过于丰盛了。阿雨进门后要求吃新鲜出炉的豆腐蘸酱，我立即骑车出门赶往双盈市场的老商家，好在真有。

消夜是二姐做的香蕉奶昔，阿雨没吃。看来她今天确实累了，很早就上床了。

2013年8月27日 周二 阴，早上有了丝丝凉意

早餐：番茄鸡蛋打卤面

消夜：羊肉串、西瓜

碎碎念 二姐驾到，我有几天不曾关注阿雨的饮食了。今天又开始上课，历时三天，阿雨说今晚上晚自习。我觉得夜晚的筒子河有令人眩晕的美丽，带着二姐和老爸夜游，雷先生接了我们，四个"老人"晃晃荡荡一起接阿雨下晚自习，回来顺路买了西瓜，阿雨要的羊肉串也一并买了。

2013年8月28日 周三 阴雨

早餐：牛奶燕麦粥

消夜：鲜奶、桃

2013年8月29日　周四　蓝天、白云、清风

早餐：糖饼、番茄鸡蛋紫菜香菜汤

晚餐：米饭、糖醋排骨、酸菜粉丝汤、番茄菜花、里脊丝炒蒜薹、水果拼盘（桃、梨）

消夜：杧果奶昔

2013年8月30日　周五　秋高气爽的一天

早餐：花卷、酸菜汤、自制小咸菜

消夜：杧果奶昔

2013年8月31日　周六　晴

早餐：番茄鸡蛋汤、花卷

午餐：海底捞火锅

（碎）（碎）（念）阿雨晚上去参加同学生日会，没在家吃饭，我们四位老同志就喝了点儿粥，吃了点儿咸菜，完全没动力吃饭。

阿雨晚上玩到10点才让我们接。回来我和阿雨讲，暑假已经结束，明天就是正正式式的高三生了，要把精力投入到高考了，她表示认同。

2013年9月1日　周日　晴

早餐：鳗鱼饭团、紫菜包饭、豆浆

晚餐：米饭、可乐鸡翅、拌燕麦面筋、醋烹豆芽、番茄炒圆白菜、水果拼盘（桃、梨）

消夜：酸奶

（碎）（碎）（念）今天开学了！

干煎带鱼

原料：带鱼1条，盐、料酒、植物油各适量。

做法：

1.带鱼处理干净后切段，撒上少量的盐、料酒腌渍10分钟左右。

2.平底煎锅烧热后放少量油，放入带鱼用小火慢煎，待煎至两面呈金黄色出锅即可。

营养点评：带鱼在日常生活中很常见，它肉质鲜嫩，味道也很鲜美，营养丰富，含17.7%的蛋白质和4.9%的脂肪，属于高蛋白低脂肪鱼类，很适合孩子食用。

营养师妈妈的
私房菜

一周食谱**营养点评**

这周要特别说明的是寿司、饭团（"711"作品）。在阿雨的餐单中，尤其早餐中我偶尔会选择"711"的寿司，心里觉得信得过这里的食品卫生和食材质量，会配以鳗鱼、金枪鱼、紫菜等，尤其鳗鱼、金枪鱼、三文鱼等富含DHA，也就是大家所说的脑黄金，与其花大价钱买DHA回来吃，作为营养师妈妈的我宁可有机会选择这一类的食物。金枪鱼、三文鱼、胖头鱼、鲈鱼、黄花鱼都是富含DHA的食物，因此可以在初三、高三的孩子餐桌上多选择，其中金枪鱼等市场上不能常常找到，也可以选择品牌信得过的罐头食品。当然，靠饭团、寿司里的鳗鱼、金枪鱼来满足早餐蛋白质的供给可能不足，尤其是外卖的，所以一般我们会配以鲜奶或者自制豆浆来弥补这些不足。

第十一周饮食日志

2013年9月2日　周一　秋风送爽

早餐：豆浆、牛排、肉松面包

㊉㊉㊉ 阿雨今天要正常上课，高三确实辛苦！

2013年9月3日 ~ 2013年9月7日忘记记日志了！

2013年9月8日　周日

早餐：红豆粥

午餐：花生米饭、肉饼、水煮草虾、糖醋鲤鱼、苦瓜炒鸡蛋、凉拌豆芽、水果拼盘（桃、梨、葡萄）

晚餐：绿豆粥、蜜汁烤翅、酱烧小油菜、鸡蛋炒苦瓜

消夜：木瓜奶昔

蜜汁烤翅

原料：鸡翅350克（约10个鸡翅中），葱、姜、生抽、料酒、胡椒粉各适量。

做法：

1.鸡翅洗净后用刀把鸡翅两面划开两刀，放入葱、姜、生抽、料酒、胡椒粉腌渍30分钟。

2.用小刷子把腌好的鸡翅上刷上蜂蜜，放入微波炉烤制挡（也可用烤箱），每面烤制8~10分钟即可。

营养点评：鸡肉的营养价值前面已经讲过，在这里不再重复。对于鸡肉虽然不太提倡炸、烤等做法，但是有时候孩子胃口不好我也会烤制些给她吃，也算是换换口味。

营养师妈妈的
私房菜

一周食谱营养点评

　　本周的酱烧小油菜里的大酱是二姐带来的。一方水土养育一方人，自制的大酱是我们东北人的看家调料，其实发酵的大酱含有更加丰富的营养，比起平时我们用的钠盐高出几个级别，只是就连我自己也是用惯了碘盐，忘记了还有大酱这种调料。不过还是那句话，要控制量，无论谁带来的，只要含盐多都不利于孩子口味的培养及健康。

　　蜜汁鸡翅，这是我自己突发奇想的做法。阿雨，包括好多孩子都中意鸡翅这种食材，通常我都是做可乐鸡翅，这周我尝试着变化了一下做法，做法也很简单，味道也不错，有时候阿雨晚餐没吃好我也会烤制些给她吃。

　　煎牛排一直是阿雨的最爱。其实没什么技术含量，腌渍好上锅一煎即可。牛肉富含蛋白质、铁，重点是阿雨喜欢。

　　木瓜奶昔是第一次尝试，我并不单单中意于哪一种食物的"疗效"，但是我希望阿雨样样都可以尝试。阿雨以前不喜欢吃木瓜，但自从我出差去海南带回来一箱木瓜后，她就开始爱上了这种水果，到此我才明白阿雨不是不喜欢吃木瓜，而是我们平时买回来的木瓜不是自然熟的，味道不对才是她不爱吃的真正原因。

第十二周饮食日志

2013年9月9日　周一　又一场秋雨

早餐：切片面包、豆浆、鸡蛋

消夜：蜜汁烤翅、杧果奶昔

2013年9月10日　周二

早餐：豆粥、鸡蛋

消夜：香蕉奶昔

2013年9月11日　周三

早餐：红豆粥、鸡蛋

晚餐：香蕉奶昔

（碎）（碎）（念）最近阿雨的情绪一直不太高，总是发脾气，孩子带着这样的情绪去学习效果肯定不好，心里很着急！

2013年9月12日　周四

早餐：皮蛋瘦肉粥

2013年9月12日～2013年9月20日忘记记日志了。

一周食谱**营养点评**

　　这周的日志记录不完整，但二姐的皮蛋瘦肉粥要特别点评一下。二姐是习惯早起锻炼身体的，来北京也坚持着。忘记什么时候阿雨说喜欢吃皮蛋瘦肉粥了，二姐居然起了大早做给阿雨吃，这可要费些工夫，因为平时煮粥我都是利用电饭锅的预约功能搞定，不费时也不费力。二姐煮皮蛋瘦肉粥是用明火熬煮，差不多熟了之后放进腌渍好的肉片和皮蛋调味才能完成，这需要一直看着锅，以防煳锅或者溢锅，不是一般的爱可以做到的，好感动！希望阿雨可以体会到家人对她的爱，将来也可以这样爱他人。

第十三周饮食日志

2013年9月21日 周六

早餐：牛奶燕麦粥

消夜：香蕉奶昔

2013年9月22日 周日　阴

早餐：全麦馒头、小白菜猪肉丸子

消夜：南瓜饼

（碎）（碎）（念） 一个月的时间转眼过去了，过了中秋，老爸和二姐一起回老家，就剩下我们三个人，一切又恢复到往昔。

晚餐自己糊弄一口，想着晚上给阿雨做点儿什么消夜。了解到南瓜饼是南瓜和糯米的混合物，就去超市买了半斤糯米粉，就是不知道阿雨接不接受，试试吧！早早地和好面，就等阿雨回来说想吃，我就煎！

一周食谱营养点评

　　本周南瓜饼是餐单变化的唯一亮点，只是餐单变化，无关食物多样化哦。南瓜、糯米早已经出现在阿雨的餐单里，只是这一次我想变化一下花样而已。知道了酒店的南瓜饼配料是糯米粉及南瓜，阿雨不嗜好甜食，所以我没有配以蜂蜜或白砂糖。家长在烹饪时可以根据孩子的口味掌握添加的配料。在这里告诉大家一个经验，南瓜不放水真的很难用打碎机搅拌，我稍微放了一点儿水，搅拌很成功。我所用食材和水的比例大概是南瓜、糯米粉各250克，水差不多有80毫升。

第十四周饮食日志

2013年9月23日　周一　凉了

晚餐：油菜香菇猪肉水饺、凉拌莲藕木耳

消夜：山药蜂蜜奶昔

(碎)(碎)(念) 终于意识到阿雨是重视妈妈的，并不像自己偶尔以为的不拿家人当回事。晚上阿雨回来说饺子剩下了，太多了，吃不完。阿雨说从小就觉得妈妈准备的东西得吃完，不然妈妈会不高兴！

2013年9月24日　周二　晴

早餐：冬瓜香菇番茄猪肉丸子汤、全麦馒头

消夜：香菇鸡汤

(碎)(碎)(念) 今晚雷先生又加班，没能回来接阿雨，阿雨自己骑车回来的。从学校回家的路况不太好，每次让她自己骑车我都很担心。

2013年9月25日　周三　晴

早餐：牛奶鸡蛋燕麦粥、凉拌莲藕、肉丝酸豆角

消夜：大闸蟹、蜂蜜山药奶昔

(碎)(碎)(念) 阿雨说以前爱吃面食，可自从我致力于面食"研究"之后就不爱吃了。我只能标榜自己的原生态，可到底是什么原因导致孩子不爱吃了呢？愁！总担心外边的加工食品不安全、不卫生，总想趁阿雨在身边的时候尽量让她吃到妈妈亲手做的食物。

皮蛋瘦肉粥

原料：大米150克，皮蛋1个，猪瘦肉50克，盐、鸡精、料酒、淀粉、香油各适量。

做法：

1.猪瘦肉切成细丝，放入适量盐、鸡精、料酒、淀粉，抓匀后腌渍10分钟。皮蛋剥皮，切成小丁，备用。

2.锅中放水，将腌好的肉丝下入开水中煮熟后捞起，并用温水洗去浮沫。

3.另起锅，放水，下入淘洗干净的大米，待粥煮得浓稠后放入肉丝、皮蛋，拌匀后加入盐、鸡精调味，再煮1分钟左右，用勺子不断搅动，放入香油后盛出即可。

营养点评：猪肉对滋润皮肤、润通肠胃以及通便都有好处；猪肉也是维生素B$_1$很好的供给来源，可以有效消除疲劳，防止焦虑。这款粥我们每个人都可以吃，但不可过量，你也一定知道皮蛋里有铅，过量会对身体造成伤害。

营养师妈妈的
私房菜

2013年9月26日 周四　晴 秋意浓

早餐：鸡汤面条（卧了1个鸡蛋）、鸡汤1碗、鸡块3块

消夜：香蕉奶昔

㊢㊢㊢ 我这几天外出学习不用上班，早上有充裕的时间给阿雨做饭。今早边做饭边想，其实生养个孩子，就是希望她健康快乐，真想和阿雨做朋友，但是她已经长大，而且有了自己的主见，怎么才能让她明白她对于妈妈的意义呢？还是找不到好的表达方式。

2013年9月27日 周五　晴 秋意浓

早餐：麻酱烧饼、番茄鸡蛋紫菜汤

消夜：鸡汤、贡梨

㊢㊢㊢ 最近忙于制作今年的首发专项的标书，昨天在图书馆待了一天，挺佩服自己的。阿雨经常问我，为什么要学医，有的同学的父母都不再学习了，为什么我还要不停地学下去？我也不知道，只是觉得在这样的一个专业领域要学下去才能做下去，没想更多。

2013年9月28日 周六　雾霾

早餐：皮蛋瘦肉粥

消夜：鲜奶、蜜汁烤翅

㊢㊢㊢ 今天开会发了两袋富氢水，算是新事物，具体的功能我还没研究明白，不过我们一家三口都是用新杯子喝的，别"污染"了，影响疗效！

2013年9月29日 周日　夜开始长了，6点起床，天还略显黑蒙蒙

早餐：鸡蛋牛奶燕麦粥、蜜汁烤翅

消夜：羊肉串

㊢㊢㊢ 如果能天天7点半才出门就好了，这样就可以有更富余的时间准备早餐，可惜今天要上班。

一周食谱营养点评

为了在饮食上给阿雨变化点儿花样，我在家门口的护国寺买了麻酱烧饼回来，想着变换花样的同时，又可以让阿雨无意间吃点坚果类食物：芝麻。

我做凉拌菜还算拿手，喜欢做是因为省事。说是凉拌，其实都是热拌，用开水焯熟之后滤干水分，直接拌入调料，依据口味，糖、盐、醋是少不了的，也可以根据家人的口味加入蒜、香菜等调味，甚至可以配些发好的木耳。经常用来凉拌的食物有莲藕、海带、绿豆芽、西蓝花等。做凉拌菜方便省时，又能最大限度地保证营养，更重要的是可以控制膳食中油脂的摄入。我们经常用橄榄油、葡萄子油、茶油、香油等来调换口味，不是说这些油就一定更好，但是可以丰富烹调用油的品种。

这周包饺子，我已经可以精确到50克面粉包10个小饺子了。有心情、有时间的时候我会把材料称重，例如，500克面粉、500克蔬菜（油菜、白菜）、猪肉馅250克～300克，再配以调料，可以包100个小饺子。比起市售的50克面粉6个左右的饺子，我可以让家人在单独吃饺子时，不至于因主食量过高，而导致蔬菜摄入不足。

大闸蟹是阿雨的最爱，阿雨对于吃食一般不会嫌弃麻烦，尤其像大闸蟹，吃起来很细致，两只大闸蟹吃上半小时不是问题。

第十五周饮食日志

2013年9月30日 周一　雾霾

早餐：番茄鸡蛋打卤面

晚餐：花生米饭、红烧黄花鱼、凉拌裙带丝、煎牛排、黄豆芽豆腐番茄羊肉片汤、水果拼盘（葡萄、贡梨）

消夜：水果拼盘（葡萄、贡梨）

(碎)(碎)(念) 阿雨终于可以回家吃晚餐了，这周上了7天的课，虽然一直觉得她不够刻苦，可是这样上课累是一定的！心疼！

阿雨赞今晚饭菜很可口！吃过晚餐我们去探望爷爷。

2013年10月1日 周二　雨转晴

早餐：米饭、黄豆芽豆腐番茄羊肉汤

午餐：泰国香米饭、大闸蟹、蒜蓉木耳菜

晚餐：泰国香米、辣根三文鱼、西葫芦胡萝卜豆腐菌汤、无籽露葡萄

消夜：冬枣

(碎)(碎)(念) 想做香香的饭，锅重要呢，还是米重要？总之，在暂不换锅的前提下，和雷先生去买了袋巨贵的泰国香米。为了不减少它的香气，我少有地没有在米饭里面加其他杂粮，有时候为了一些卖相还是要牺牲一些原则的，胜在阿雨说还成！

八宝粥

原料：芸豆、红豆、莲子各30克左右，干栗子9粒，大米、小米各25克，红枣3粒，葡萄干50克（3人份）。

做法：

1.事先把不容易煮烂的芸豆、干栗子、莲子、红豆提前泡几小时。

2.把泡好的食材和大米、小米、红枣、葡萄干一起放进高压电饭锅，开锅后，调至煮粥挡压25分钟左右即可。

营养点评：休息了一晚上的机体对碳水化合物的渴求不低于对水的渴求，因此，早餐一定要有富含碳水化合物的主食类。八宝粥绝对配得上这个名字，能提供给机体健康，含有碳水化合物、蛋白质、维生素B_1、膳食纤维等。每次做八宝粥的配料可以随心情取舍。

营养师妈妈私房话

杂粮粥是我丰富主食品种的法宝！放了葡萄干的八宝粥酸酸甜甜有些开胃的效果，是阿雨中意的一款主食。

2013年10月2日 周三 晴朗

早餐：八宝粥、煮鸡蛋、凉拌海带

午餐：泰国香米饭、鸡汤、肉片烧扁豆土豆、清炒盖菜、凉拌海带、水果拼盘（冬枣、巨峰葡萄、无籽露）

晚餐：泰国香米饭、小白菜羊肉海鲜汤

消夜：梭子蟹

2013年10月3日 周四 晴好

早餐：蜂蜜豆浆、香煎牛排、稻香村点心

消夜：山药蜂蜜奶昔

🔘🔘🔘 阿雨今天又上学了，艰苦的岁月开始了，不知道她觉得苦不苦，想来压力是有的。

阿雨今天说起数学老师交作业的要求，语气很叛逆，我告诉她这样和老师沟通有问题，勾起了阿雨的抱怨，阿雨说着说着就哭了。阿雨哭了一会儿之后说压力大，我想哭会儿也减压，但也很心疼！夜里阿雨说睡不着，跑到我的床上来，我帮她暖着小凉脚。过了一会儿，阿雨睡着了，知道自己可以是孩子的依靠，心里安慰了许多。

2013年10月4日 周五 晴

早餐：牛奶鸡蛋燕麦粥、猪肉白菜包子

午餐：泰国香米、凉拌莲藕、糖醋彩椒、羊肉豆腐豆芽番茄汤

消夜：山药奶昔

🔘🔘🔘 早餐劝阿雨吃1个包子，告诉她我今天调的馅料很好吃，阿雨居然吃了两个，我很高兴。中午申请送饭，阿雨点餐。阿雨说中午的饭菜很可口。

2013年10月5日　周六　雾霾又来

早餐：牛奶鸡蛋燕麦粥、猪肉白菜包子

晚餐：八宝粥、泡菜、肉片烧茭白、肉片烧彩椒

消夜：螃蟹

(碎)(碎)(念) 我今日又腌渍了泡菜，可惜阿雨不怎么爱吃这口。雷先生今日出差去秦皇岛，我们娘儿俩等他带螃蟹回来。晚上9点多雷先生回来了。好家伙！买了一大堆海鲜：大小螃蟹两种、扇贝、皮皮虾。晚上就煮了两种螃蟹，吃到我犯困。

2013年10月6日　周日　雾霾持续

早午餐：红豆粥、皮皮虾、泡菜

晚餐：泰国香米饭、凉拌菠菜、烧豆腐、蘑菇番茄汤

消夜：皮皮虾、山药奶昔、栗子、贡梨

(碎)(碎)(念) 今天早早地做了晚饭。离高考的日子越来越近，下午阿雨却基本没学习，一直在玩儿，我忍不住发了顿脾气，没收了iPad和iTouch。

一周食谱营养点评

本周由于放假，时间安排上充裕，因此我们给阿雨配了三文鱼、黄花鱼这两种富含DHA的水产类食物。当然，因为雷先生出差，我们也可以有更新鲜的各种螃蟹、贝类解馋，水产尤其螃蟹、贝类有季节供应期，因此每年的春秋我们都会及时把它们摆上餐桌。

本周饮食秘籍是尝试了海底捞调料以及韩国辣酱。海底捞的调料我们都尝试了一遍，阿雨最接受的就是番茄料，虽然人家明明是火锅料，我们却用来做汤调味。大酱汤我是将韩国辣酱和葱伴侣按照1:1进行配制而成，汤里的配料就太容易了，西葫芦、胡萝卜、黄豆芽、各种杂菇等，尤其是豆腐，都很容易入味。在我们家这是一道看家菜，既容易做到营养搭配，也不费时，只要把握好投料的先后顺序即可。

第十六周饮食日志

2013年10月7日 周一　雾霾

早餐：泰国香米饭、菠菜豆腐蘑菇番茄汤

消夜：山药奶昔、桃子

2013年10月8日 周二　雾霾，天更凉了

早餐：泰国香米饭、黄豆芽蘑菇肥牛菌汤

消夜：芋头奶昔、桃子

2013年10月9日 周三　雾霾

早餐：自制花卷、黄豆芽豆腐肥牛汤

消夜：鲜奶

碎碎念 昨天晚上我和阿雨又发生了矛盾，两人心里都不痛快，但我又受不了女儿不开心的样子，今晚接阿雨回来耐心地和她交流了几句，希望她的压力能够很少源于父母。最后的结局是，阿雨又要回了iTouch。事实证明了一点，我会不停地被阿雨打败。

2013年10月10日 周四　雾霾仍然严重

早餐：肉龙、豆浆、牛排

消夜：芋头奶昔

2013年10月11日 周五　大风后短暂的晴朗天空

早餐：肉龙、牛奶燕麦鸡蛋粥、煎牛排

消夜：鲜牛奶

牛奶鸡蛋燕麦粥

原料： 燕麦120克，鸡蛋1个，鲜奶200毫升（3人份）。

做法：

1.将麦片浸在冷水中，备用。

2.将800毫升左右的水烧开，倒入用冷水浸过的燕麦片。

3.水开后放入打散的鸡蛋，鸡蛋熟后关火，倒入鲜奶搅拌均匀，分3份。

营养点评： 燕麦粥是女儿最喜欢的一种早餐。我一般在时间不够或者阿雨胃口比较不好的时候做这个。消毒合格的鲜奶不必再次煮沸，避免营养流失，且可以使粥尽快变凉，免得喝的时候太烫。

营养师妈妈的
私房菜

Yingyangshi
mama de
Sifangcai

2013年10月12日　周六

早餐：肉龙

晚餐：米饭、羊蝎子、水果拼盘（苹果、橘子）

碎碎念 我特爱吃雷先生自创的羊蝎子，可惜阿雨不喜欢。下班晚了，没心情做饭，好在雷先生倒休，今天在家把羊蝎子做好了。

2013年10月13日　周日

早午餐：八宝粥、泡菜、煎牛排、五香蛋

晚餐：米饭、豆腐蘑菇丝瓜番茄汤、肉片焖扁豆、煎牛排

碎碎念 今早阿雨和雷先生睡到10点才起来，按照阿雨的意愿今天又只吃两餐。吃完饭，三人去羽毛球场，由于没场地，父女俩露天打了一会儿，我自己跳了会儿跳绳。锻炼结束后买了些东西去看望爷爷，因为今天是重阳节。早早睡了，没为阿雨准备消夜。

一周食谱**营养点评**

　　肉龙是同事利霞给做的，我一直卷不好肉龙，但是阿雨又爱这口。肉龙一般用来丰富早餐，根据阿雨的胃口有时候会给她配些水果或者蔬菜汤，就是一顿不错的早餐。为了不常常麻烦利霞，我会每次把利霞做的肉龙冻存，隔几日给阿雨吃一次！

　　本周的营养点评重点当属羊蝎子了。羊蝎子虽然脂肪含量不低，但是风味很不一样，作为调膳的一种食物应该是不错的选择。这道菜是雷先生的作品，说老实话，随着年龄的增长，雷先生也成熟了很多，周末会很主动地按我的安排，以及阿雨的喜好去烹制餐食，不会嫌麻烦。这也是雷先生表达爱的一种方式吧。阿雨常念叨让雷先生到他们学校食堂做大厨，认可度相当高。

第十七周饮食日志

2013年10月14日 周一

早餐：米饭、豆腐汤

消夜：鲜奶

2013年10月15日 周二　天气还好，就是冷了

早餐：米饭、白菜肥牛豆腐汤

消夜：鲜奶、香蕉

2013年10月16日 周三　冷了

早餐：米饭、羊肉白菜番茄汤

消夜：香蕉奶昔

碎 碎 念 今晚阿雨回来说物理考了第一，英语满分，自己挺得意，我们看她高兴也就高兴了，似乎找到点儿进入高三的感觉。

2013年10月17日 周四　冷

早餐：彩椒鸡蛋炒饭

消夜：香蕉奶昔

碎 碎 念 阿雨扔给我一册空中英语教室，让我读，我晕，真要学习吗？但还是装模作样地翻了两页才睡下。

番茄菜花

原料：番茄1个，菜花、花生油、白砂糖、盐、味精各适量。

做法：

1.番茄洗净切块、菜花择成小朵，备用。

2.热锅下油，放入番茄块煸炒成番茄酱，加入菜花朵、白砂糖翻炒均匀后加入少量的水，加盖焖制约5分钟。加入盐、味精调味即成。

营养点评：菜花的营养价值比一般蔬菜丰富，菜花质地细嫩，味甘鲜美，食后极易消化吸收，其嫩茎纤维，烹炒后柔嫩可口，如果孩子的消化功能不好，家长可以经常做给孩子吃。

营养师妈妈的
私房菜

2013年10月18日 周五 雾霾

早餐： 番茄鸡蛋紫菜汤、肉龙

消夜： 鲜奶

2013年10月19日 周六 晴好

早餐： 牛奶鸡蛋燕麦粥、肉龙

碎碎念 今天下午去给阿雨开了家长会，晚上阿雨要求去看一个韩国组合的演出，居然折腾到半夜12点才回来。

2013年10月20日 周日 晴好

早午餐： 花生米饭、白灼基围虾、小白菜豆腐羊肉番茄汤

晚餐： 花生米饭、番茄圆白菜排骨汤、番茄菜花、糖醋心里美、可乐鸡翅

消夜： 鲜奶

碎碎念 最近两周周末阿雨都睡懒觉，我们居然也开始了两餐合一的日子。晚上雷先生不回来吃，娘儿俩晚餐吃得不错。

一周食谱营养点评

　　本周的糖醋心里美（萝卜皮）应属于爽口、开胃的小菜，简单易操作，重点是营养素流失少。把心里美削成自己心仪的形状（当然如果专做萝卜皮还是要削得漂亮些才好），用少量盐腌渍10～20分钟，再用凉白开水冲洗掉盐分，这样可以去除一定的辣味。依据家里人的口味放入白砂糖、白醋拌匀，吃之前也可以滴入少量的橄榄油或者香油，撒上些香葱就更完美了。

　　蛋炒饭我很少做给阿雨吃，其实蛋炒饭早上做也不算费时，又很容易搭配成一顿营养丰富的早餐。炒饭中自然少不了鸡蛋，蛋白质保证了；有米饭，碳水化合物保证了；还可以任意打扫家里的冰箱蔬菜，只要不那么容易出水分的都可以，当然，我通常会刻意准备一些蔬菜，比如彩椒，颜色亮丽，会增进食欲。

第十八周饮食日志

2013年10月21日 周一　晴好

早餐：花卷、小白菜蘑菇豆腐番茄汤

消夜：自制双皮奶

🔵碎🔵碎🔵念 突然想做双皮奶给阿雨吃，于是决定试试，居然被阿雨表扬。晚自习接阿雨回来的路上，阿雨说："妈妈，我做了一件事，你别生气。"其实我心里很没底，不知道她是不是做了什么出格的事。结果是告诉我，她和朋友去开了个银行账号，把自己的压岁钱都存上了。我松了口气，还鼓励了她半天，说如果想要银行卡，妈妈都可以陪她去办，绝对不是不能理直气壮说的事。姑娘长大了，想有属于自己的一切！

2013年10月22日 周二　冷

消夜：双皮奶

🔵碎🔵碎🔵念 今早睡过头了，居然阿雨先起床叫醒我们，结果是，这么冷的天只好让阿雨去学校解决早餐，心里好过意不去。

2013年10月23日 周三　晴，但很冷

早餐：鸡蛋虾仁炒饭

消夜：双皮奶

2013年10月24日 周四

早餐：牛奶鸡蛋燕麦粥

消夜：山药奶昔

🔵碎🔵碎🔵念 我今天做的消夜受到了阿雨的"批评"，因为阿雨太钟情于双皮奶了。

鸡蛋虾仁炒饭

原料：鸡蛋1个，熟米饭、虾仁、菜心、盐、料酒、生抽、淀粉、植物油各适量。

做法：

1.虾仁洗净后沥干水分，放入料酒、生抽、淀粉腌渍10分钟左右。

2.热锅下油，将打匀的鸡蛋液淋入锅中，快速翻炒，用余油将腌好的虾仁炒熟后盛出。

3.锅中加适量油，下入菜心炒熟后放入熟米饭，将米饭炒散，放入鸡蛋、虾仁，炒匀后加盐调味即可。

营养点评：虾营养丰富，含蛋白质是鱼、蛋、奶的几倍到几十倍；还含有丰富的钾、碘、镁、磷等矿物质及维生素A、氨茶碱等成分，且其肉质松软，易消化，很适合孩子食用。

营养师妈妈的
私房菜

2013年10月25日　周五

早餐： "711"蛋黄金枪鱼寿司、豆浆

消夜： 鲜奶

碎碎念 今晚去北大百周年大讲堂听昆曲，听了三折就回来了。本想回来给阿雨做双皮奶，结果四环堵车，还是没来得及，消夜就只能喝鲜奶了。

2013年10月26日　周六

早餐： 番茄鸡蛋排骨汤面

晚餐： 火锅（肥牛、羊肉、豆腐、红薯、大白菜）、烧饼、水果拼盘（香蕉、丰水梨）

消夜： 姜撞奶、双皮奶

碎碎念 外甥大卢院来了，阿雨很喜欢哥哥回来！

今天第一次尝试做姜撞奶，阿雨没意见，不过好像姜不够量，味道不足。大卢院挑食，选择了姜撞奶，阿雨不挑，把剩下的双皮奶打扫了，还心疼地问我哪个做起来方便。想想双皮奶可以让阿雨多吃点儿蛋白质，比姜总有营养些，就说都一样。其实也不麻烦，就是费时。不过既然阿雨喝姜撞奶，也可以尝试，现在天凉了，喝点儿姜撞奶可以暖暖胃。

2013年10月27日 周日

早午餐：绿豆米饭、番茄蘑菇豆腐肥牛汤

晚餐：花生米饭、芥末秋葵、红烧黄花鱼、鸽子汤

　　㊑㊑㊐ 今天我做饭想换换食物品种，于是做了鸽子汤，可是阿雨不知道何时开始对鱼特别不感兴趣，还小声嘟囔着鸽子汤不如鸡汤美味。算了，下次还是鸡汤吧！什么都没有孩子开心重要！

一周食谱营养点评

　　姜撞奶是去咖啡厅发现的，还好喝，于是回来尝试做给阿雨。姜汁据医书描述有暖胃的功效，天气凉了，喝点儿挺好。阿雨的一个好品质是容易接受新食物，至少不会完全拒绝。

　　鸽子汤平时难得做一次，食物成分与鸡、鸭、鹅等没有太大差异，再加上阿雨又不是太认可，所以并不准备常做。

姜撞奶的做法

　　姜撞奶是我在咖啡厅喝过之后回家尝试着做的，做法没有标准：鲜姜10克左右，研碎，以热开的鲜奶冲调即可。还可以放入10毫升左右的蜂蜜。姜撞奶做法简单，且有暖胃之功效。

第十九周饮食日志

2013年10月28日　周一　雾霾持续

早餐：鸡蛋汤面

消夜：自制麻辣烫（鸽子汤煮海带、魔芋丝、小白菜、鸽子肉）

2013年10月29日　周二

早餐：肉龙、豆腐汤

消夜：鲜奶、丰水梨

2013年10月30日　周三　雾霾中

早餐：肉龙、牛奶燕麦粥

消夜：双皮奶

2013年10月31日　周四

早餐：鸡汤挂面

消夜：鲜奶

2013年11月1日　周五

早餐：肉龙、番茄鸡蛋紫菜汤

消夜：双皮奶、丰水梨、苹果

鸡汤挂面

原料：应季青菜4～5棵，细面条100克，鸡汤适量。

做法：

1.青菜洗净，备用。

2.鸡汤烧开，放入细面条煮熟，下入青菜，煮熟后盛出即可。

营养点评：鸡汤营养丰富，配上青菜，还不油腻，作为早餐最合适不过了。

2013年11月2日　周六　　重度雾霾

早餐：略

晚餐：泰国香米饭、肉丝酸豆角、清炒菊花菜、土豆豆芽豆腐蘑菇番茄汤、豆腐牡蛎汤

消夜：苹果、丰水梨

(碎)(碎)(念) 今天家里来了同学，我还是按照阿雨的喜好准备的晚餐，没有为同学单独准备什么。不过，孩子们吃得很开心。

2013年11月3日　周日　　终于见到阳光

早餐：麻酱糖花卷、豆腐土豆豆芽蘑菇番茄汤

午餐：大闸蟹、虾酱焖扁豆、冬瓜牛肉丸子汤

晚餐：鸡汤、南瓜馒头、梅花肉炒生笋木耳、梅花肉炒芹菜木耳、水果拼盘（丰水梨、苹果）

(碎)(碎)(念) 今天姑姑家有大闸蟹，我们中午过去会餐。晚餐终于说服阿雨吃了一个南瓜馒头，还同意让我继续把家里的南瓜用完。

一周食谱营养点评

麻辣烫风行大江南北不是没有道理的，除却小摊位可能有的卫生问题，我很认可这道菜肴的烹制原则，一句话，就是太容易搭配了，这是我家整个饮食的根本，可以随意放入几乎所有的食材，包括主食，当然一定要注意控制盐的摄入，麻辣烫基本都是重口味的。

自从学了营养学专业，我记得最清楚的就是牡蛎含锌量超高，因此在阿雨的每个生长阶段我都会有意识地配备这一内陆地区并不常见的食物，只要品质有保证，经常配制些绝对是个明智的选择，我们家的经典搭配就是牡蛎豆腐汤。

虾酱焖扁豆是大厨姑父的自创。虾酱是源自天津的特产，买回来后很少用，齁咸。聪明的姑父用来当盐用，既改善了风味，还避免浪费，而且还有来自小虾小蟹的钙质和有限的蛋白质，不比碘盐差，赞一个！

南瓜馒头的做法是我自己摸索出来的，其实就是不用加水发面了，直接用南瓜的水分。作为一名有经验的营养师，可以推测南瓜起码水分占70%，就用这个含水量来计算，通常500克面粉放250毫升～300毫升水，这样我就500克面粉用了400克南瓜，加上酵母发面，没想到成功了，只是没有外卖的南瓜馒头那么甜，香味也不重，我估计市售的南瓜馒头是加了糖的。南瓜馒头卖相不错，阿雨姑且接受。

第二十周饮食日志

2013年11月4日　周一　天气又差了

早餐：意面

消夜：山楂水

碎 碎 念 阿雨被张年叔叔说肝火旺，居然主动要求吃点降火的东西。想想阿雨有时候会口臭，买了点山楂煮水给她喝，可她似乎不那么感兴趣。

2013年11月5日　周二　雾霾天

早餐：肉龙、鸡汤

消夜：鲜奶、猕猴桃、山楂水

2013年11月6日　周三　久违的蓝天，大风

早餐："711"的鳗鱼饭团、辣白菜金枪鱼饭团、花生豆浆

消夜：双皮奶、山楂水

碎 碎 念 家里没鲜奶了，我只好用配方奶做双皮奶，挺难吃。不过阿雨挺给我面子，还是吃了点儿。

南瓜馒头

原料：南瓜（去皮、去瓤400克，其中水分大概280毫升），全麦粉500克，酵母粉2克，白砂糖50克。

做法：

1.南瓜去皮、去瓤后蒸熟，放入打碎机中打碎（可以稍微放50毫升水，不然不太好打），放凉备用。

2.将酵母粉与10毫升温水混合，备用。

3.处理好的南瓜汁和酵母混匀后把全麦粉慢慢边加边搅拌之后混匀饧发90分钟左右，至面团发起后制备10个大小一致的南瓜馒头。

4.馒头入锅，水开后蒸15分钟即可。

营养点评：南瓜富含胡萝卜素等营养素，全麦面粉相比一般的白面维生素损失少，是主食的较好选择，一般蒸一斤全麦粉够我们吃三次，也不算太费事。

营养师妈妈私房话

南瓜的水分视产地、品种不同而不同，可以摸索着放面粉的时候掌握面粉量，避免太干，以至于太硬。

2013年11月7日　周四　今天天气还好

早餐：挂面、意面酱

晚餐：酸菜牛肉饺子、水果拼盘（苹果、丰水梨）

碎碎念 今天雷先生生日，本来说好一起去外边吃饭，结果他却要加班不能回来吃饭。好在阿雨说回来吃晚餐，我又有了劳作的动力。阿雨今天期中考试结束了，放学回来说物理考得不理想，情绪不太高，没胃口，没吃几个饺子。因为晚餐没吃多少，消夜就没做。心情影响消化，影响食欲，不想逼她吃东西。

2013年11月8日　周五

早餐：酸菜水饺

消夜：酸菜水饺

碎碎念 今早雷先生起床做早餐，他就给阿雨热了昨晚剩的饺子。

2013年11月9日　周六

早餐：意大利肉酱面

晚餐：米饭、花生黄豆胡萝卜猪蹄汤一锅烩（放了蟹味菇、肥牛、土豆、大白菜、鲜腐竹等配菜）、水果拼盘（丰水梨、猕猴桃）

碎碎念 阿雨昨晚说皮肤不好，我决定今天开始给她补充点儿胶原蛋白、维生素A试试。不过我还是觉得阿雨的皮肤干燥与鼻炎更有关。今天阿雨学校开报考会议，一下子开到下午6点多，把我这个早午餐合二为一的妈妈饿坏了。

2013年11月10日　周日

早餐： 胡萝卜猪蹄、南瓜米粥

中餐： 米饭、大闸蟹、虾酱焖扁豆、凉拌燕麦面筋、鸡蛋炒菠菜、鱼丸汤

晚餐： 南瓜馒头、豆腐皮海带土豆大白菜汤、酱猪蹄

一周食谱营养点评

意面酱也是我们家雷先生的代表作，被所有品尝过的人赞誉。基本的配料就是：番茄、葱头、胡萝卜、柿子椒、黄油、奶酪、胡椒粉、葡萄酒等，味道与我们在外边酒店吃的无异，甚至更胜一筹！

山楂汁水：山楂是北京特产，产量颇丰，又便于储存，一直能吃到冬季，怎么吃都好，最著名的吃法就是冰糖葫芦了。山楂的酸味是很多女孩子能接受的，通常熬制山楂汁水我会放些冰糖进去。

猪蹄汤：阿雨不是很拒绝稍高脂肪的食物，如猪蹄、猪肘子、扣肉等，偶尔我们会挑选一点这样的食材，尤其冬季。这样干燥的季节，猪蹄胶原蛋白高，吃点儿对皮肤有好处。当然，这类食物的脂肪含量也可观，因此，给太胖的孩子还是建议少选这一类食物。

第二十一周饮食日志

2013年11月11日 周一

早餐：牛奶燕麦鸡蛋粥

消夜：双皮奶

2013年11月12日 周二

早餐：肉龙、番茄鸡蛋紫菜香菜汤

消夜：香蕉奶昔

2013年11月13日 周三

早餐：酸辣汤、肉龙

消夜：双皮奶、猕猴桃

㉒㉒㉒ 今晚的双皮奶极其成功，阿雨说比外边卖的好吃。

2013年11月14日 周四 雾霾

早餐：意酱面

消夜：双皮奶

2013年11月15日 周五

早餐：番茄鸡蛋面

消夜：今天陪师姐逛街没给阿雨准备消夜，我们一起去买了麻辣烫。

2013年11月16日 周六 大风

早餐：番茄鸡蛋面

晚餐：比萨、鸡翅、蔬菜沙拉、海鲜汤、蜂蜜雪梨汁

㉒㉒㉒ 今天风好大，由于我要去给阿雨开家长会，雷先生提议不做饭了，我们三口去必胜客吃一顿，必胜客开这么久，我们还是第一次去吃。

2013年11月17日 周日 大风，晴好

早餐：杂粮粥、豆腐蘸酱

午餐：米饭、皮皮虾、蚝油生菜、排骨酸菜粉条、水果拼盘（苹果、蜜梨）

晚餐：米饭、土豆豆腐豆芽蟹味菇番茄汤、生菜、水果拼盘（苹果、蜜梨）

㉒㉒㉒ 一早去采购，今天一天我们娘儿俩吃得倍儿舒服，雷先生加班。

意大利肉酱面

营养师妈妈的
私房菜

原料：意大利面300克，牛肉馅400克，洋葱1个，胡萝卜2根，西芹2根，青椒3个，番茄5个，橄榄油约100克，番茄沙司2勺，葡萄酒半杯，盐、鸡精、黑胡椒碎各适量。

做法：

1.将食材洗净后，将洋葱切碎，胡萝卜、西芹、青椒切小丁，番茄去皮切碎，备用。

2.在煮锅内煮沸清水，放入盐、橄榄油、意大利面，煮8～10分钟，捞起装入盘中，淋少许橄榄油（不要冲水），稍加搅拌。

3.另起锅，放入橄榄油，加热至九分热时放入碎洋葱炒出香味，加入牛肉馅翻炒至变色。

4.加入葡萄酒、黑胡椒碎搅拌均匀，再加入番茄碎拌炒，煮至沸腾转小火，加入番茄沙司。

5.熬煮至番茄呈糊状，再依次加入胡萝卜丁、西芹丁，继续熬煮，约10分钟后加入青椒丁，约5分钟后加入鸡精，关火，酱就煮好了。将炒好的肉酱淋在意面上即可。

营养点评：意大利肉酱是阿雨钟爱的口味，营养搭配全面，重点是可以每次稍微多做些备用，以防家里没什么吃食时应急。

第二十二周饮食日志

2013年11月18日　周一　大风，晴好

早餐：荷包蛋、酒酿汤圆

消夜：双皮奶、苏子峪蜜梨、金奇异果

2013年11月19日　周二　晴

早餐：紫菜虾皮鲅鱼韭菜馄饨

消夜：双皮奶、蜜梨、猕猴桃

2013年11月20日　周三

早餐：鲅鱼韭菜馄饨

消夜：双皮奶、蜜梨、猕猴桃

2013年11月21日　周四　雾霾再现

早餐：酒酿芝麻汤圆卧鸡蛋

消夜：香蕉奶昔、猕猴桃

碎碎念 今天突然产生了一个念头，好想做一年的主妇，就给阿雨做饭吃，无关高考成绩，只是让她牢记家的味道。我从初中就开始住校，大学在外读书，一个人来到北京，很羡慕有父母兄弟姐妹在身边的同学。

番茄炖牛腩

原料： 牛腩500克，番茄2个，土豆1个，洋葱1/2个，大料、桂皮、葱段、姜片、番茄酱、盐、植物油各适量。

做法：

1. 牛腩切成小块，放入开水中焯一下，捞出后用温水清洗干净。

2. 土豆、番茄、洋葱切成小丁，备用。

3. 热锅下油，放入洋葱丁炒香，放入番茄丁、土豆丁，待番茄炒出汁后放入牛腩块，加适量番茄酱炒匀，加入适量开水，烧开后转小火，加入葱段、姜片、大料、桂皮。

4. 小火慢炖1小时左右，加盐调味即可出锅。

营养点评： 牛肉含有丰富的蛋白质，氨基酸组成比猪肉更接近人体需要，能提高机体抗病能力，对于处在生长发育阶段的孩子特别适宜。寒冬食牛肉，有暖胃作用，为寒冬补益佳品。中医认为，牛肉有补中益气、滋养脾胃、强健筋骨、化痰息风、止渴止涎的功效。

2013年11月22日　周五　天不怎么好

早餐：牛奶燕麦粥、卤鸡心

消夜：双皮奶、水果拼盘（香蕉、蜜梨、柑）

碎碎念 最近在尝试各种鲜奶，希望可以找到含脂量较高的一种，更容易形成奶皮。屋形奶、袋奶，暂时光明的袋奶似乎含脂量高些，三元的屋形奶和袋奶差别不大，虽然产品标注上三元的含脂量更高一些。

2013年11月23日　周六　雾霾，预报的雨雪没有出现，还挺暖和

早餐：巧克力汤圆、煮鸡蛋

晚餐：米饭、糖醋排骨、地三鲜、水果拼盘（苹果、猕猴桃、蜜梨、柑）

碎碎念 今天累了，睡着了没准备消夜。一人承担两职，有时候有点儿力不从心，如果能当全职主妇多好。

2013年11月24日　周日　雾霾，有些冷

早餐：意酱面

午餐：外边小馆"面爱面"

晚餐：南瓜大麦大米粥、番茄牛腩、乱炖（萝卜、胡萝卜、花菇、豆腐）、葱爆肥牛

碎碎念 今天全家出动给阿雨准备成人礼服，下午回来都累了，也困了，阿雨和我一个被窝睡了会儿。午睡后雷先生把阿雨送到学校上自习，到晚上8点接回来吃晚餐，消夜就免了。

一周食谱营养点评

　　酒酿本不是我们餐桌上的常备食物，但是突然发现阿雨能接受，而且里面可以放小圆子、芝麻、花生、红枣等各种配料，还可以卧鸡蛋，是个比较容易搭配的好东西，食物的酸甜度阿雨也能接受，因此也变成了我们的家常佳肴。

　　鲅鱼在沿海地区常见，因为加工方便，容易去刺，常常用来做馅或者丸子。我尝试在山姆店买了些现成的鲅鱼馅做馄饨，似乎新鲜度不太够，但是搭配很方便，可以加入一些蔬菜，比如韭菜、韭黄等。我不会做馄饨皮，一般都是买市售的，早上起来包馄饨不是太麻烦。

第二十三周饮食日志

2013年11月25日 周一

早餐：酒酿豆沙汤圆卧鸡蛋

消夜：双皮奶

🔘🔘🔘 我明天要出去应酬，担心来不及为阿雨准备消夜，灵机一动，两袋鲜奶放3个蛋清，可以解决阿雨觉得双皮奶不够瓷实的口感，结果第一层皮被我忽略了，时间久了粘到容器上了。下次有经验了，第一次加热后要立即倒入分装容器。

2013年11月26日 周二 天气晴好，一早出门可以清楚地看到星星的笑脸

早餐：意酱面

消夜：双皮奶

🔘🔘🔘 昨晚做的双皮奶，效果意想不到的好，放置一天，居然更加形似三元梅园的双皮奶了，不止是味道哦！

2013年11月27日 周三 大风

早餐：酒酿鸡蛋、南瓜馒头

消夜：双皮奶

2013年11月28日 周四 真正的冬天来了

早餐：意酱面

消夜：双皮奶

酒酿鸡蛋

原料： 醪糟200克，鸡蛋1个，清水适量。

做法：

1.醪糟加清水搅匀，大火煮沸腾后打入鸡蛋，转中火保持微沸，煮至鸡蛋熟透即可。

2.可以加适量红糖。

营养点评： 醪糟是以蒸熟的糯米（江米）或大米为原料，经加入发酵剂（酒曲）发酵而成的一种食品，风味独特，男女老幼四季皆宜。据分析，醪糟中除了富含碳水化合物外，还有多种氨基酸、脂肪、维生素、钙、磷、铁和有机酸等人体不可缺少的成分。但是，醪糟原汁中含有少量的酒精成分，其酒精含量为2%～3%，因此，在给孩子食用的时候要适量。

营养师妈妈的
私房菜

Yingyangshi
mama de
Sifangcai

97

2013年11月29日　周五

早餐：牛奶鸡蛋燕麦粥

消夜：双皮奶

2013年11月30日　周六

早餐：紫菜鸡蛋虾皮汤、西葫芦辣椒猪肉包子

晚餐：南瓜大麦大米粥、西葫芦辣椒猪肉包子、西红柿牛腩

碎碎念 我今天去济南讲课，晚上8点半才到家，到家后雷先生还没准备好饭。我因为太过奔波头疼得厉害，到家没吃饭就睡了。据说阿雨也没怎么吃。

2013年12月1日　周日　晴好的天气

早餐：大米玉米大麦红豆花生莲子粥、豆腐蘸酱、番茄牛腩

午餐：番茄火锅（肥牛、羊肉、豆腐、红薯、茼蒿）、水果拼盘（草莓、蜜梨、苹果、香蕉）

晚餐：花生米饭、猪肉炖扁豆、炒菜花、小油菜粉条番茄汤、水果拼盘（香蕉、蜜梨、苹果）

消夜：双皮奶

一周食谱营养点评

本周特色点评的是西红柿牛腩。阿雨特别能接受番茄的味道，做汤、炒菜、炖其他食材，都很合她口味。雷先生炒番茄酱水平一流，开水烫后去皮，切小丁或块，放油翻炒之后加白砂糖熬制成酱即成。这道西红柿牛腩后来成了我们家的保留节目，经常出现。

第二十四周饮食日志

2013年12月2日 周一

早餐：鸡蛋汤圆

消夜：双皮奶

2013年12月3 周二　晴好，北京今年入冬后天气还真不赖

早餐：紫菜鸡蛋黄虾皮香菜汤

消夜：双皮奶、草莓

> **营养师妈妈私房话**
>
> 做双皮奶不是一般的浪费鸡蛋，一般500毫升3个鸡蛋，今早废物利用了，放6个蛋黄。

2013年12月4日～2013年12月9日我出差，再次感受身不由己。

一周食谱**营养点评**

对于食物的使用，每个人有不同的理解。几年前我就开始习惯上班的时候中午带饭，有很多人就会质疑我："滕大夫，您不是营养师吗？不是说带了隔夜的饭菜不健康吗？"首先我不是很接受食堂饭菜的味道，再就是我认为只要选择得当，自己做的饭菜也更符合营养搭配，且我还不习惯于每天倒掉剩饭剩菜，这不太符合我自小就节俭的习惯。在我家的饮食安排中也会经常食用剩下的隔夜的食材，比如这周的蛋黄，只是单有蛋黄的蛋花汤卖相不怎么好。

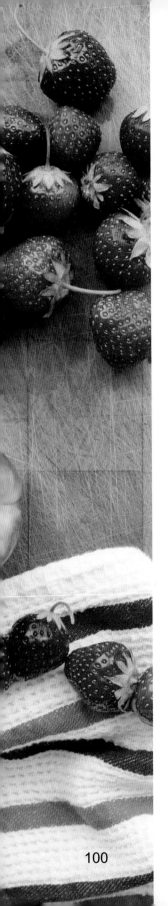

第二十五周饮食日志

2013年12月9日　周一　轻度雾霾

早餐：鸡蛋炒饭、虾皮紫菜香菜鸡蛋汤

消夜：双皮奶

(碎)(碎)(念) 今天阿雨学校举办成人礼，我特意拜托滕飞哥哥从老家赶来和我们一起参加阿雨的成人仪式。看到这些18岁的孩子那无论如何也压制不住、想飞翔的稚嫩的脸，我又是内心唏嘘无比。

2013年12月10日　周二

早餐：鲜肉馄饨

消夜：水果拼盘（苹果梨、香蕉）、双皮奶

(碎)(碎)(念) 今天滕飞哥、卢院哥都在，本来我不想和阿雨谈，担心影响她的情绪，但从昨天的成人礼上，我觉得她社交有问题，不善于和同学、老师，甚至家人沟通。我从内心觉得阿雨是个热血的孩子，找她谈是希望她可以做回自我。绽放自己就足够吸引别人，不要因为在意别人的眼光而改变自己，希望阿雨懂得感恩，并表达出来。最后阿雨哭了，但是我看得出她听进去了。

2013年12月11日　周三　晴好

早餐：红豆汤圆醪糟卧鸡蛋

消夜：猪肝猪心夏枯草煲汤

(碎)(碎)(念) 阿雨是个能感知的孩子，我昨晚告诉她，滕飞哥哥来参加她的成人礼，要感受到他的心及辛苦。今天滕飞哥哥走了，一早阿雨主动和哥哥道别，并拥抱滕飞哥哥。我很安慰，阿雨在尝试改变！

鲜肉馄饨

原料：馄饨皮（购买）、瘦肉、甜椒、葱末、姜末、生抽、盐、橄榄油（或花生油）各适量。

做法：

1.瘦肉剁成肉馅，加入水、葱末、姜末、生抽、橄榄油搅拌，腌渍10~20分钟。

2.放入剁碎的甜椒和盐，混合成馅。

3.用馄饨皮包好，下锅煮熟。

4.还可以与面条一同煮熟，或在汤液中加入葱花、绿菜叶或香菜等自己喜欢的蔬菜同煮，好吃的馄饨即成。

营养点评：馅料清香，汤液清淡，好吃不腻。连汤带水，算是半流质食物的经典，特别合适早餐食用。

馄饨的粤语发音是"云吞"，四川人则称之为"抄手"。馄饨制作简单容易上手，又可以做出各种风味，比如四川龙抄手，由于麻辣的渗入可算作最为独特的馄饨了。

2013年12月12日　周四

早餐： 虾皮紫菜鸡蛋香菜汤、大叶芹猪肉包子

消夜： 双皮奶、猪心汤

㊣㊣㊣ 大叶芹是大姨秋天上山采的，已经切好了，让滕飞哥哥带过来的，几乎把滕飞哥哥累趴下了，可是确实味道不错哦。虽然阿雨不怎么喜欢我做的面食，但大叶芹总是新鲜的东西。我就是这么固执地做有营养的东西。

2013年12月13日　周五　天气晴好

早餐： 牛奶鸡蛋燕麦粥

午餐： 大麦饭豆莲子大米粥、蜜汁烤翅、凉拌大白菜木耳

消夜： 苹果梨、香蕉、双皮奶

㊣㊣㊣ 阿雨要求我和雷先生一起接她下晚自习，觉得只有爸爸接，回家的路上有点儿闷。

2013年12月14日　周六　天气晴好

早餐： 牛奶鸡蛋燕麦粥、面包

晚餐： 米饭、剁椒鱼头、炒彩椒、菜干脊骨枸杞汤

消夜： 鲜奶、柑橘、苹果梨

2013年12月15日 周日 天气继续晴好

早餐： 甜椒鸡蛋炒饭、虾皮紫菜香菜鸡蛋汤

午餐： 米饭、番茄土豆牛腩、蒜蓉穿心莲、清炒茼蒿

晚餐： 杂粮粥（饭豆、大麦、玉米糁）、梅花肉焖扁豆、清炒茼蒿

消夜： 双皮奶、柑橘

一周食谱营养点评

　　我在广州读书5年，做饭的基本功应该是在学习本科医学营养阶段的8节烹饪课留下的，只是一直到生完阿雨才得以实践。上周回广州出差，顺便去探望大学时代的好朋友，以及她的父母，在那个年代他们给了我父母般的关爱。得知我要过去探望他们，李妈妈提前准备了很多广式煲汤的用料。一进同学家门，李妈妈已经熬好了西洋菜排骨汤，吃饭时还像上学时去她家吃饭一样，还是会每一道菜都劝我多吃几口。现在想想每个父母都是一样的，最直接的表达爱的方式就是做饭给你吃，亘古不变！原来爱就是营养！按照李妈妈的交代我回来也尝试给阿雨煲汤，不一定真的更有营养，但是寒意更浓的冬季有碗热汤喝是幸福的！

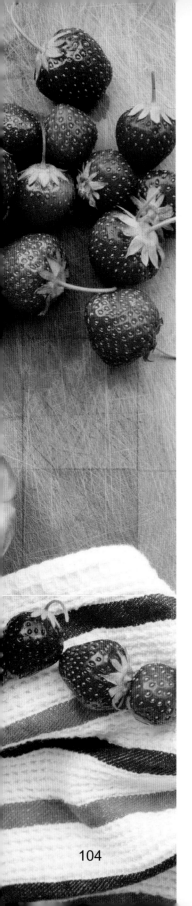

第二十六周饮食日志

2013年12月17日　周二　冬至

早餐：鸡蛋黄牛奶炒饭、虾皮紫菜香菜鸡蛋汤

消夜：管氏翅吧烤翅、凉拌海带、西式拌黄瓜

（碎）（碎）（念）曾经在北海北门吃过管氏鸡翅，觉得味道极好，今天闲来无事看大众点评，结果偶然发现这翅吧居然有15家之多，遍布京城，距离单位1公里就有一家，干脆过去打包了带回家做消夜。鸡翅是一样的好，不过凉拌海带不合阿雨口味，她没怎么吃。

2013年12月18日　周三　早上的月亮真美

早餐：牛奶鸡蛋燕麦粥、大叶芹猪肉包子

消夜：双皮奶

（碎）（碎）（念）今天是我妈妈的祭日。算算妈妈去世有27年了，我从来没在妈妈的生日和祭日纪念过她，很不孝吧。爸爸、哥哥、姐姐们都因为我是老疙瘩（家里排行最小的），也都由着我，没有责备过我！

2013年12月19日　周四　月亮依然很美

早餐：番茄土豆胡萝卜牛腩盖饭

消夜：双皮奶

西式拌黄瓜

原料：黄瓜2根，橄榄油、法国葡萄醋、盐、糖、胡椒粉各适量。

做法：黄瓜切条，加入橄榄油、法国葡萄醋、盐、糖、胡椒粉，拉直匀后放冰箱中腌渍1小时即可食用。

营养点评：此菜酸脆爽口、开胃提神，其中法国葡萄醋非常关键。欧洲的葡萄醋是以葡萄酒为原料酿造的食醋，酸度很高（高于6％），但很爽口。这种葡萄醋的酒精含量很低（低于1％），对孩子来说，也是安全的。

营养师妈妈的
私房菜

Yingyangshi
mama de
Sifangcai

2013年12月20日　周五

早餐： 胡萝卜棒骨汤、大叶芹猪肉包子

消夜： 自制麻辣烫（魔芋丝、豆腐皮、猪血、白菜）

㊟㊟㊟ 先自我检讨一下，今天的麻辣烫做失败了，雷先生的评价是既不麻也不辣。只有麻酱调制成功了，阿雨每样勉强吃了一点儿。

2013年12月21日　周六　很晴的天

早餐： 阿雨去学校吃的

晚餐： 栗子大米粥、肉丝炒杏鲍菇、清炒鸡毛菜、麻婆豆腐、香煎小银鱼、酱烧鸭腿、水果拼盘（香蕉、菠萝）

消夜： 双皮奶

㊟㊟㊟ 今天我和雷先生带着没让阿雨吃上早餐的抱歉心理，中午就出去采购了，回来吃了中午饭就开始准备晚餐，丰盛的晚餐阿雨应该比较满意，因此餐桌上我们也聊了很多。

2013年12月22日　周日

早餐：杂粮粥（大米、玉米楂、红豆、大麦片、百合、莲子）、泡菜饼

午餐：猪肉芹菜饺子

晚餐：自制麻辣烫（白菜、魔芋丝、豆腐、猪血）、小米粥

㊟㊟㊟ 今天有兴致把早餐的食物全部称了个重，心里有数最重要，谁让我是个营养师妈妈呢！

阿雨今天说有些腹胀，不知道什么原因，特意煮点小米粥，看吃完会不会好点儿。难道这两天给吃多了？

一周食谱营养点评

管氏烤翅是我们去景山看故宫的角楼时偶然在北海北门发现的，阿雨很喜欢。阿雨吃这个几乎不再需要别的，都是要威逼利诱才会意思一下，吃点儿疙瘩汤、海带丝之类的。但是能看出她吃得痛快！这孩子喜辣，天生的！不过，从营养的角度讲，要偶尔为之才可以。

鸭腿这周上了我们的餐桌，它在我们家的上桌率是极低的，但是今天完成了我的主旨：不能尝试一切烹调方式，但是努力尝试我能发现的所有食物。呵呵！

泡菜饼是我发明的，对于刺激孩子胃口不失为一个选择！

第二十七周饮食日志

2013年12月23日　周一

早餐：五谷磨坊养生糊、猪肉芹菜水饺

消夜：双皮奶、香蕉

🅒🅒🅒 我们娘俩儿都不爱吃坚果。考虑到膳食要均衡，我今天特意去山姆店的五谷磨坊制作了点儿坚果糊糊，决定从今天起每早40克，刚好阿雨觉得自己头发分叉，我正好告诉她这糊糊有养发功能。

学校今天组织学生申报北约、华约的学校，正式公布每名同学的学校大排名，阿雨排84名，终于她对自己的位置有了认识。阿雨觉得可能无法获得学校的推荐自主招生名额了，有些低落，不过我倒觉得这未必是件坏事，知道成绩，起码可以认清形势，对报考有好处。阿雨多少有些受触动，并因此下决心明日起自习到晚上10点半。其实我倒是不希望她那么晚回家，不过先由她几天吧，更希望她把这股劲儿坚持下去。

2013年12月24日　周二　雾霾

早餐：泡菜饼、五谷磨坊养生糊

消夜：猪心、枸杞红枣夏枯草汤

🅒🅒🅒 早餐我用做双皮奶剩下的蛋黄和过滤后的奶液做了泡菜饼。给阿雨配的五谷磨坊养生糊由于昨天用开水冲，感觉不够黏稠，今天用火煮了一会儿，结果太稠了。

猪肉丸子菠菜汤

原料： 猪肉馅150克，菠菜200克，盐、白胡椒粉各适量。

做法：

1.依据个人口味将猪肉馅调味，用筷子将肉馅充分打匀备用。

2.锅中放水，烧开后把择洗干净的菠菜放入锅中焯一下即刻捞出，控干水分，备用。

3.另起锅，重新烧开水，氽入丸子，水开，丸子漂浮，放入焯好的菠菜，再次开锅后加入盐、白胡椒粉调味即可出锅。

营养点评： 氽青菜丸子，食材宽泛，丸子可以是鲅鱼馅、猪肉、牛肉、羊肉等，青菜可以选择任意时令蔬菜。这道菜肴加工简单省事，只要搭配上主食就是营养搭配较为全面的一餐。

2013年12月25日　周三　严重雾霾，晚间大风

早餐：猪肉丸子菠菜汤、馒头

消夜：双皮奶、五谷磨坊养生糊

2013年12月26日　周四

早餐：馒头、番茄鸡蛋紫菜香菜汤

消夜：双皮奶

2013年12月27日　周五

早餐：大叶芹猪肉水饺、五谷磨坊养生糊

消夜：双皮奶

> **营养师私房话**
>
> 　　北方的冬季雾霾天气时常出现，从营养学的角度来说，我还不能给予有针对性的饮食建议。但我认为家长可以让孩子们做到的就是：以均衡膳食为原则，强健体魄。

2013年12月28日　周六

早餐：馒头、五谷磨坊养生糊

晚餐：栗子米粥、皮皮虾、大闸蟹、炒甜椒、番茄炒菜花

消夜：双皮奶

碎碎念 可怜的孩子是真不想起床啊，斗争了半天才起来，我真想给她请假了，最后车上吃的早点。

2013年12月29日　周日

早餐：皮蛋瘦肉粥、五谷磨坊养生糊

消夜：双皮奶

碎碎念 大礼拜天，可怜的孩子今天仍然早起上学，一周了，孩子好辛苦啊！

买了一个新的电饭煲，昨天就打算好早上给阿雨做皮蛋瘦肉粥，早上才想起来新买的电饭煲要处理后才能用，结果差点儿来不及，还好最后还是完成了。

第二十八周饮食日志

2013年12月30日　周一　天气一般，温度挺高，7℃

早餐：牛奶燕麦鸡蛋粥、五谷磨坊养生糊

晚餐：栗子大米粥、香辣土豆丝、毛血旺、熘肝尖

消夜：双皮奶

(碎)(碎)(念) 连着上一礼拜课，阿雨今天终于坚持不住了，没上晚自习就回来了。孩子累了，很心疼！所以没有任何微词。不过突然回来把我弄得措手不及，因为家里没有准备食材。自己做了个土豆丝，熬了点栗子大米粥，其他就叫外卖了。从外边买的菜味道不错，然而油多得有点儿吓人。

2013年12月31日　周二　天气一般，但是很暖和

早餐：泡菜鸡蛋面饼、五谷磨坊养生糊

晚餐：老城一锅（羊蝎子、烤馒头、大白菜、鸭血、鲜腐竹）

消夜：草莓

(碎)(碎)(念) 过新年了，阿雨主动要求去看望爷爷。在外面吃完饭，知道和爷爷一起走回家，聊聊天，知道劝爷爷吃饭喝酒要适可而止。我看着很欣慰，孩子长大了！

2014年1月1日　周三　晴好，只是空气不是那么透亮

早午餐：栗子米粥、大豆腐蘸酱

晚餐：花生米饭、红烧排骨、肉片扁豆、肉丝芹菜木耳、蒸血肠、葱油芋头、拌芹菜叶、热拌藕片、水果拼盘（草莓、香蕉、柚子、柑橘）、葡萄酒

(碎)(碎)(念) 难得休假，不忍心叫孩子起床，但这样来就很难保证餐次。阿雨主动要求晚饭早点儿吃，吃完就去学校上晚自习。虽然平时觉得孩子学习不够全心全意，但看她很坚决地去学校，就知道她压力也大，由她吧！今天晚餐时故意试探阿雨，对她说："阿雨啊，加把劲儿呗，替妈妈圆个清华梦！"她居然答应了！

蒜蓉芥蓝

营养师妈妈的私房菜

原料：芥蓝400克，盐、蒜蓉、鸡精各适量。

做法：

1.芥蓝洗净控干，用开水焯一下，备用。

2.锅中放少量油烧热，放入蒜蓉炒香，芥蓝入锅继续翻炒，最后依据口味放入盐、鸡精翻炒出锅。

营养点评：芥蓝等蔬菜富含叶黄素等胡萝卜素，对正在用眼的学生绝对有益！

2014年1月2日　周四

早餐： 香菜鸡蛋饼、五谷磨坊养生糊

消夜： 双皮奶、猕猴桃

**2014年1月3日　周五　**轻度雾霾，温暖如春

早餐： 猪肉香芹包子、五谷磨坊养生糊+蜂蜜

消夜： 五谷磨坊养生糊、香蕉

（碎）（碎）（念） 我的科研项目处在"瓶颈"阶段，测DHA居然没有满足条件的人选，联系过中国CDC、首都医科大学右安门检验中心、中国中医药大学、广州金域检验中心，我快疯掉了，今天又联系到中山医科大学公共卫生学院的师妹们，希望可以解决，最近都在为此疯狂。

2014年1月4日　周六

早餐： 自制全麦馒头、番茄紫菜虾皮鸡蛋汤

晚餐： 山药大米粥、胡萝卜莲藕鸭汤、大烩菜（白菜、豆腐皮、蟹味菇、排骨、豆瓣酱）

（碎）（碎）（念） 小家伙晚上回来说吃多了，难受。这种情况已经发生过好几次了，吃多了不舒服，也没说什么具体症状，以后得留心了。这么小的孩子，照说多吃儿点，不应该那么不舒服啊！

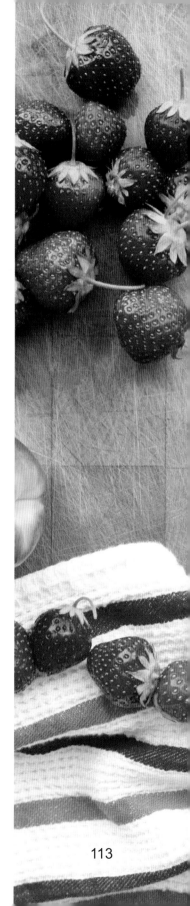

2014年1月5日 周日　晴，但是不够晴朗

早午餐：八宝粥（大米、玉米、大麦、饭豆、红豆、莲子、百合、栗子）、大烩菜、砂糖橘、香蕉

晚餐：米饭、烧武昌鱼、儿菜蘸酱油、蒜蓉芥蓝、肉片焖扁豆

消夜：双皮奶、猕猴桃

㊝㊝㊝ 今天阿雨早上睡到10点半，说是头都睡疼了。吃完饭我们赶她去学校读书，下午快6点回来了。吃了饭阿雨说不去学校读书了，看了会儿电视，一边看电视我们俩一边监督雷先生做俯卧撑。阿雨负责任地监督，结果雷先生没做几个就没劲儿了。最后阿雨还是被我们劝回学校读书了，真是辛苦。

一周食谱营养点评

这周我们发现了一种新菜品：儿菜，它是芥菜的一种，看着像一个个的疙瘩，然而质地却很细嫩，有一股独特的味道，我们三个人都喜欢。儿菜烹制方便，我们基本选用了最简单的家常方式，就是切块，用水焯过之后，直接用生抽、橄榄油拌。做这道菜时千万注意把握时间，看着疙疙瘩瘩以为不容易熟，其实400克的儿菜焯水两分钟即可。

第二十九周饮食日志

2014年1月6日　周一　雾霾严重

早餐：泡菜香菜鸡蛋饼、五谷磨坊养生糊

消夜：双皮奶

🍚🍚🍚 今天卢院哥哥回来了，很想让他回来，这样可以改善下饮食，毕竟有家在身边。当年的我们在外求学，可以吃上一顿家常菜是多么幸福的一件事。不过他没有阿雨好伺候，不吃的东西太多。

2014年1月7日　周二

早餐：猪肉油菜包子、虾皮紫菜蛋汤

消夜：双皮奶

🍚🍚🍚 今天我因为出去应酬，没见到阿雨。

2014年1月8日　周三

早餐：腊八粥加蜂蜜（红枣、花生、栗子、糯米、高粱、小米、玉米、葡萄干）

消夜：双皮奶

🍚🍚🍚 昨天睡得太晚，今天没等到阿雨回来就睡着了，两天没见姑娘。今天特别冷，应该是入冬以来最低温，没辜负了今天是腊八！平时的杂粮粥我是随意的，今天我很认真地数了8种就没再随意发挥。

大酱汤

原料： 西葫芦500克，胡萝卜100克，土豆100克，豆腐150克，豆瓣酱、韩国辣酱各适量。

做法：

1.将豆瓣酱与韩国辣酱依据口味以1:1用凉开水调均匀。

2.锅中加入适量水烧开，依次加入胡萝卜、土豆、西葫芦、豆腐等，煮熟即可。

营养点评： 如此丰富的一道菜肴，非常容易达到膳食搭配合理、营养全面的终极目标。家长们在制作过程中投料可以更加丰富，比如菜花、西蓝花、腐竹、竹荪、木耳、香菇等。

2014年1月9日　周四

早餐：猪肉油菜包子、五谷磨坊养生糊

消夜：鲜奶、皇冠梨

(碎)(碎)(念) 今天下班因为等同事走晚了，到家快8点了，赶着做饭，没来得及买奶。雷先生回来后安排他去超市买奶，结果没有三元的特品了。我们现在基本只购买三元特品，总是担心奶质不好，所以并不是那么强调让阿雨每天必须喝多少奶，而是由她兴致。

2014年1月10日　周五

早餐：牛奶鸡蛋燕麦粥

消夜：双皮奶、大酱汤

(碎)(碎)(念) 今晚卢院哥哥回来了，决定让他试试我的新菜品——大酱汤，居然得到两个孩子的肯定，我顿时满足了。

2014年1月11日　周六

早餐：大酱汤（平菇、豆腐、土豆、鸭血）、蛋糕

午餐：米饭、蒜蓉芥蓝、韭菜炒鱿鱼、蜜汁烤翅

晚餐：韭菜香菇猪肉水饺、鸡汤

(碎)(碎)(念) 昨晚给卢院哥哥准备火车上的吃食，买的蛋糕，留了一些作为今天的早餐。今早手机没电了，闹钟没响，我一睁眼都7点半了，赶紧跟老师请假，说明是因为父母的原因无法及时到校。其实我心里觉得可以让阿雨多睡会儿也是好的，所以仍然起身把大酱汤热了，又放块豆腐，我们三人居然都吃了！

2014年1月12日　周日

早餐：韭菜香菇猪肉水饺、冰糖橙、梨

午餐：大酱汤（豆腐、菊花菜、蟹味菇、鱿鱼须、土豆）、红薯

晚餐：杂粮粥（大米、大麦、红豆、莲子、葡萄干）、炒合菜（豆芽、韭菜、粉丝、鸡蛋）、清炒菊花菜、蜜汁烤翅

消夜：阿雨今天没胃口，没吃消夜

（碎）（碎）（念）最喜欢周日，因为这一天阿雨可以多睡会儿，真心疼啊！其实她也不学到多晚，但是睡得晚，一天睡不到7小时。阿雨长大了，可以体会父母为她准备吃食的心意，以前会叫嚣着不想吃，现在每次不想吃都会问一句妈妈："妈妈，可以不吃吗？"这样一来，我反而不逼她吃饭了。

一周食谱营养点评

八宝粥源自腊八，它以八方食物合在一起，与米共煮。其实我们家里日常的粥饭都是以这个为原则配制的，很少单一白米。这周赶上腊八，更不能含糊。

炒合菜是本周的新尝试，没想到雷先生发挥得有模有样。通常我会在家里备点儿粉丝、粉条，但是不常吃，觉得没什么营养。由于粉条、粉丝阿雨都很接受，为了配菜我们偶尔还是会少放一点儿，而且合菜里如果没有粉丝，似乎就不那么像样。

第三十周饮食日志

2014年1月13日 周一

早餐：鸡蛋泡菜香菜饼、牛奶

消夜：双皮奶、草莓

(碎)(碎)(念) 今天带回来了草莓、杧果、金橘等水果。好久没买杧果了，一冲动想给阿雨打杧果奶昔，突然又意识到草莓更加不能放置，杧果奶昔配草莓，在膳食结构上可是不如双皮奶配草莓了。有个做营养师的妈妈就是这样的，在吃上无比算计！

今天清华校荐初审公布，阿雨通过，心里很高兴。据说不但通过，而且还是优秀。

2014年1月14日 周二　三九的日子，有些冷

早餐：鸡蛋菠菜腊肠炒饭、煎牛排

消夜：鲜奶、杧果

(碎)(碎)(念) 老乡卖菠菜定要大捆捆绑销售，无奈只好买回来一捆，焯水后慢慢吃。今天做蛋炒饭的时候也加了些菠菜，还配了点儿腊肠。杧果是阿雨钟爱的水果之一，但是今天给她准备了也没吃多少，奶是喝完了。最近觉得阿雨的食欲不太好。

2014年1月15日 周三

早餐：皮蛋香菇瘦肉粥

(碎)(碎)(念) 一早起来熬粥，其实不费劲。瘦肉和香菇是周末做饺子时预留下来的，昨晚把大米泡上，早上20分钟左右就把粥煮好了，加入皮蛋、香菇、肉末煮熟就行了。

蒜蓉粉丝蒸鲍鱼

用料： 鲍鱼8～10个，大蒜3～4瓣，粉丝、生抽、蚝油、料酒、糖各适量。

做法：

1.将鲍鱼肉从壳上切出，把鲍鱼的内脏、口部除去，鲍鱼肉、壳洗净。

2.在鲍鱼反面切十字花刀，正面朝上摆在壳里。

3.粉丝先用水泡软，再在沸水里烫一下捞出，控干水，铺在蒸盘上，再把鲍鱼摆在粉丝上。

4.大蒜切碎末，热锅放少许油，把蒜末下锅煸熟，用小勺盛出，每个鲍鱼上放一些，剩下的放在粉丝上。

5.取小碗倒2～3勺生抽，1勺料酒，少许蚝油，少许糖，调好后淋在鲍鱼和粉丝上（调料可根据各人口味增减）。

6.取蒸锅，水开后放入鲍鱼，蒸5～6分钟就好了。

营养点评： 虽然我并不认同鲍鱼有多么神奇的滋补功能，但是在应季的季节偶尔吃吃也未尝不可。

2014年1月16日　周四

早餐：面包片、大酱汤（豆腐、鲜虫草花、羊肉片、菠菜）

消夜：南瓜粥

(碎)(碎)(念) 今天期末考试成绩下来了，阿雨不那么兴奋，不让问，不让说，回来还批评我不要总是尝试新食物，指的是鲜虫草花。她还提到学校都放假了，食堂的饭菜都很难吃，想让我们送饭。我会尽力。

2014年1月17日　周五　　雾霾又严重起来

早餐：花生黄豆豆浆、面包

消夜：雷先生没做

(碎)(碎)(念) 今天我去参加同行组织的年底聚餐，雷先生负责阿雨的饮食，结果没有做消夜。

2014年1月18日　周六　　温暖的一天

早餐：馒头、番茄鸡蛋紫菜虾皮香菜汤

晚餐：八宝粥、酱烧鲈鱼、粉丝蒸鲍鱼、蒜蓉芥蓝、双色甜椒、蜜汁烤翅、水果拼盘（杧果、金橘、香蕉）

消夜：鲜奶

(碎)(碎)(念) 阿雨一早通知我放学要带伙伴回来看碟，我们更加积极地准备晚餐，还准备了点心糖葫芦。她和小伙伴一起玩得很高兴，我就没督促她做什么。

2014年1月19日　周日　雾霾

早餐：猪肉羊肉萝卜包子、番茄鸡蛋汤

午餐：酱烤鱿鱼、清炒芥蓝、八宝粥、水果拼盘（香蕉、草莓、金橘）

晚餐：花生米饭、酱烤鱿鱼、猪肉焖扁豆、猪心梅花肉广式煲汤

碎碎念 今天煲的广式汤里有罗汉果，告诉阿雨有润肺的功能。她虽然不爱吃，还是喝了点儿。现在我不怎么逼着阿雨吃东西了，知道她学习压力大。

一周食谱营养点评

鲜虫草花是我在酒店吃饭时认识的一种新植物，本着尝遍天下食物的理念，我尝试自己做了一下，没敢让阿雨多吃，担心过敏，阿雨也不太喜欢。

虽然知道鲍鱼的营养并无特别之处，比起扇贝、牡蛎、蛤蜊等营养素未必丰富多少，但是酒店饭店的恶贵，干脆尝试买回来自己做，反正阿雨对贝类的水产都不拒绝。没想到雷先生第一次做就超水平发挥，蒜蓉蒸鲍鱼做得成功，十几块一只，比起饭店不知经济多少倍。

第三十一周饮食日志

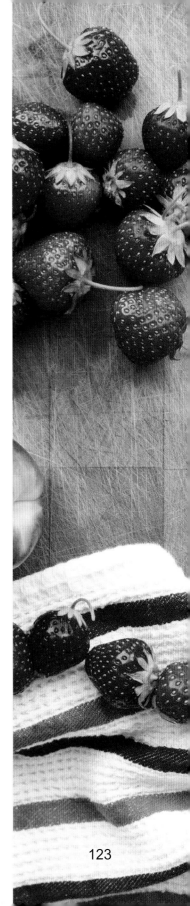

2014年1月20日 周一 稍微晴好一些

早餐：八宝粥（莲子、红豆、栗子、葡萄干、杂米）、鸡蛋

消夜：双皮奶、水果拼盘（香蕉、皇冠梨、金橘）

（碎）（碎）（念）今早我真的5点就起床煮八宝粥了，谁让姑娘喜欢呢，值！

2014年1月21日 周二

早餐：猪肉羊肉萝卜包子、鸡蛋牛奶燕麦粥

消夜：双皮奶、皇冠梨

（碎）（碎）（念）表哥第一次来我家，可是今天有事已做安排，没能回去陪他吃饭，只好拜托雷先生早回家。很感谢雷先生，其实有事的时候他还是很配合的。

2014年1月22日 周三

早餐：八宝粥、韩式小泡菜

消夜：杧果奶昔

（碎）（碎）（念）今天晚上阿雨在学校突然发短信说要上自招培训班，雷先生立马开始积极筹备，结果找好了后给阿雨打电话，人家说没想好，回头再说，这臭丫头！

全麦馒头

原料：精白面粉、全麦面粉各250克，酵母粉适量。

做法：

1.按照1:1的大致比例把精白面粉与全麦面粉混合，加入酵母粉（比例请参照酵母粉说明书）一起混合揉成面团。

2.发酵数小时后蒸制成大小相当的馒头即可。

营养点评：在面食中加入全麦粉是提高主食营养价值的重要方法。同样大小的一块馒头，全麦馒头维生素和矿物质含量是普通馒头的2~3倍。全麦馒头含有更多的膳食纤维，具有清肠通便的作用，对于有便秘问题的孩子，家长一周可以让孩子吃上1~2次。

2014年1月23日 周四

早餐：干炒牛河、番茄鸡蛋紫菜虾皮汤

消夜：韭菜香菇猪肉羊肉水饺

碎 碎 念 今天是小年，回来包饺子，问阿雨消夜吃这个成不，阿雨同意了。表弟的病理报告出来了，表哥走了，家里恢复平静。阿雨是个好静的姑娘，但是好在很懂礼貌。

2014年1月24日 周五

早餐：韭菜香菇猪肉羊肉水饺

消夜：皇冠梨、五谷磨坊养生糊

碎 碎 念 消夜阿雨没吃糊糊。其实阿雨确实就是不喜欢坚果类的食物，起初哄骗人家养发还坚持喝了几天，停下来就没了兴致。

2014年1月25日 周六

早餐：羊头肉番茄香菜面条

消夜：双皮奶、猕猴桃

2014年1月26日 周日

早餐： 自制全麦馒头、白菜豆腐番茄汤

晚餐： 必胜客的意大利面、蔬菜沙拉、芝士海鲜饭

消夜： 双皮奶

碎碎念 阿雨今天最后一天上课，终于放假了。我本来打算和同事去理发，因为人多就没理，其实是惦记阿雨。回来刚好顺路接阿雨，饿了，娘儿俩干脆去吃必胜客！吃了饭，天还早，我们在小区里的美发店一起把头发剪了，耶！

一周食谱营养点评

干炒牛河是我上大学本科时在烹调课上学会的第一道佳肴，当年我们吃一道干炒牛河就算是改善生活了。最近突然发现家附近的双盈市场有卖河粉的，决定买回来尝试，其实营养未必多好。一般河粉是用陈米加工而成，比起新米已经有营养损失，且干炒牛河这一道佳肴一定要求用宽油的（烹调用油比较多），盐也多，但我会放些香醋解腻。我做干炒牛河主要是为了让阿雨感受一下不同口味的食物，阿雨还挺喜欢！

第三十二周饮食日志

2014年1月27日　周一

早餐：烧饼、汤面（羊头肉）

晚餐：八宝粥（莲子、栗子、葡萄干、饭豆、杂粮、大米）、番茄豆腐羊肉汤

消夜：鲜奶、菠萝

2014年1月28日　周二　天已经黑得晚了，现在晚上下班到家还没黑天呢

早餐：米饭、番茄豆腐羊肉汤

晚餐：菠菜粉丝土豆羊肉丸子汤、馒头

消夜：鲜奶

碎碎念 今天雷先生出差去秦皇岛了，就我们娘儿俩在家。一早给阿雨把米饭和汤都盛好放在蒸锅里，结果这姑娘居然只看见了上面的汤，没看见米饭，也没问，就只喝了一大碗汤。

2014年1月29日　周三

早餐：煮面条

晚餐：鸡蛋腊肠炒饭、大酱汤（羊肉丸子、娃娃菜、土豆、番茄）

碎碎念 大酱汤被阿雨和雷先生大肆批评，声称不爱吃。其实我主要是从营养全面的角度考虑才做的这道菜，下次可以尝试放一些他们爱吃的食材在里面。

营养师妈妈的
私房菜

盐水菜心

原料：菜心250克，姜、蚝油、盐各适量。

做法：

1.菜心择洗干净，备用。

2.锅中放水，水开后放一片姜和少许盐略煮。

3.菜心煮熟后出锅，淋上蚝油即可。

3.大火烧开后改小火，慢慢收汁即可。

营养点评：菜心口感脆嫩，营养也比较丰富，富含维生素C、β-胡萝卜素、钾、钙等，在蔬菜中名列前茅。水煮菜心不但简单省事，而且这种做法营养流失少，是我们家很喜欢的一道菜。

2014年1月30日 周四 大年三十

早餐：珍珠圆子芝麻汤圆酒酿

午餐：番茄羊头肉挂面

晚餐：五色米饭、烧大虾、烧海鱼、虾酱焖扁豆、蚝油生菜、凉拌海蜇头、醋熘藕片、烧菜花

碎碎念 雷先生今天休息了，早饭、午餐都是他给阿雨准备的。

年三十的晚宴在姑姑家吃，自然又是姑父做饭。本来说年三十包点儿年夜饺子给大家吃，雷先生和阿雨都反对，说吃不下，一懒就没做，可是上床后又有点儿后悔，这没年味啊！好在准备了些对联、窗花贴上了。

今夜收到的最多的祝福就是祝阿雨考试理想。

2014年1月31日 周五 大年初一

早餐：韭菜香菇猪肉水饺、凉拌白菜木耳粉丝、拌莲藕、荷兰黄瓜、水果拼盘

晚餐：八宝粥、红烧平鱼、红烧肉海带、蜜汁烤翅、凉拌白菜木耳粉丝

消夜：酸奶

碎碎念 大年初一，一早起来准备包饺子，早餐10点多才吃，三人还喝了点儿红酒，祝福一番，今天就只能吃两餐了。自己一般不迷信，或者说畏惧迷信，但是今早的饺子还是包了66个，希望阿雨今年可以顺顺利利地考入大学。还包了3个硬币，结果是阿雨吃到两个，雷先生吃到1个，没我的。自己居然不沮丧，他们有了，都是我的。

2014年2月1日 周六 大年初二

早餐：红烧肉海带汤面

晚餐：肯德基的川香汉堡

消夜：乌贼干响螺干萝卜排骨汤

碎碎念 阿雨从今天起要进行为期4天的自招魔鬼训练，从早上8点半到晚上9点。俗话说："初一的饺子、初二的面。"一早起来煮一大锅面条，仅是简单的红烧肉海带白菜煮的汤面，三人就喝得热热乎乎的，还挺高兴！

阿雨还不太适应这节奏，我们也只能鼓励她。人的一辈子总有点儿什么事值得拼一拼。

2014年2月2日 周日　大年初三

早餐：八宝粥、炒牛肉粒、拌莲藕、拌海蜇头
午餐：燕麦米饭、豆腐腐竹白菜土豆蟹味菇番茄汤
晚餐：燕麦米饭、清炒菜心、葱烧草虾

碎碎念 今天是阿雨上课的第二天，我决定给阿雨送饭。忙活一上午，做了阿雨绝不拒绝的番茄汤，一如既往的食材，因为晚上要请来出差北京的同学吃饭，连晚饭也一起送了。葱烧草虾，阿雨喜欢，在家把皮给她剥好，晚上回来果然吃光光。晚上请同学吃饭，时间有些紧张，大家没吃完，我们就先撤退了。为了孩子，我觉得没什么不对，希望同学不要觉得被冷落。

一周食谱营养点评

羊头肉、羊杂汤包含羊头、羊蹄子、羊肝、羊心等，是地地道道的西北菜，很多人不能接受，阿雨倒是不拒绝。有时候我们去牛街还会买一些羊杂回来，放些开水自己熬制，依据口味放些麻酱、香菜的，阿雨也挺喜欢。这些羊杂营养也算丰富，富含蛋白质、微量元素等，虽然味道腥臭（对我们来说却是香味呢）。

五色米是姑姑从香港背回来的，想来是没有当年壮族人染色糯米那么繁杂的制作流程了，但是黑、黄、红、紫、白五色的糯米白米蒸煮出来的确颜色亮艳，可增强食欲。不过由于对于食物加工工艺的怀疑，我不会经常选用。

乌贼干、响螺干是我去探望李莲卿妈妈时从江门带回来的。有时候真觉得这些干制品比起鲜品味道更佳，只是这次我投料有些多，不仅浪费，而且食材过多，味道不那么恰到好处，包括广式腊肠，我通常不鼓励我门诊的孕妇吃，认为不够健康，但是家里的餐单中偶尔放一点儿也未尝不可。

第三十三周饮食日志

2014年2月3日 周一　大年初四

早餐：芝麻汤圆酒酿蛋花汤

午餐：八宝粥、烤鱿鱼、番茄菜花

晚餐：八宝粥、葱爆肥牛、番茄菜花

消夜：双皮奶、杧果、猪心夏枯草枸杞红枣汤（阿雨经期可以补点铁）

碎碎念 今天终于买了一种烧烤酱，希望烤的鱿鱼阿雨喜欢。昨天送的燕麦米饭阿雨没吃完，今天我们两个老家伙来吃，单独给阿雨煮了八宝粥，都是她喜欢的食材：葡萄干、栗子、莲子、红小豆、杂粮。早上语重心长地劝阿雨不能再被一切杂事牵扯精力，她虽然答应了，可是总体来说，阿雨不是个意志坚定的孩子，希望她能早日安心读书。

2014年2月4日 周二　大年初五，立春

早餐：大米粥、排骨番茄面

晚餐：猪肉韭菜水饺

消夜：双皮奶

碎碎念 今天是阿雨集训最后一天，中午要求与同学一起外出吃午餐，晚餐一家人一起吃水饺。因为女儿，所有的日子都特别了，都想重视，立春也是大日子了。

2014年2月5日 周三　天气晴好

早午餐：八宝粥、鸡蛋泡菜香菜饼

晚餐：红豆薏米鹰嘴豆米粥、红黄甜椒旱黄瓜蘸鸡蛋酱、蚝油生菜、番茄豆腐黄骨鱼

碎碎念 番茄豆腐黄骨鱼最近也变成了雷先生的拿手菜，1斤多黄骨鱼，阿雨几乎一个人完成，看来是真好吃。早上阿雨说最近没胃口，吃点儿就饱，且吃一点儿就打嗝，让我担心不已。看今天吃饭的情形不像有问题，可能还是压力太大了。今天是阿雨春节假期的最后一天，感觉得到阿雨的紧张，本想劝她最后一天休息吧，但焦虑的小人儿仍然要求去学校读书。我好希望她三四点钟就回来吃饭，可是雷先生说不要叫，怕打扰她学习，结果她6点才回来。今天又是两餐饭，晚上熬的鸡汤阿雨也没喝，在我的威迫下吃了一口鸡肉。这个小人儿也不知道哪里来的毅力。

酱牛肉

用料：牛前腿腱子肉1500克，大葱1根，姜1块，料酒3汤匙，生抽2汤匙，老抽1汤匙，黄酱约70克，十三香炖肉料一小袋，香叶2片，花椒15粒，丁香5粒，陈皮约4克，白芷2小块，桂皮1块，八角2粒，盐、糖、清水各适量。

做法：

1.牛腱子肉用水浸泡3～4小时，泡出血水，洗净，切成10厘米见方的大块。

2.牛肉块放入凉水锅中，用大火煮去血水，捞出后用冷水浸泡，让牛肉紧缩。

3.将丁香、花椒、八角、陈皮、香叶、白芷、桂皮等装入调料盒中，大葱洗净切段，姜洗净后用刀拍散待用。

4.锅中倒入适量清水，大火加热，依次放入调料盒、葱段、姜、生抽、老抽、料酒、糖、十三香炖肉料，煮开锅后放入牛肉块，继续用大火煮约20分钟，放入黄酱、盐，转入小火炖2小时左右，用筷子扎一下，能顺利穿过即可关火。

5.关火后牛肉块仍放在锅中，放在阴凉处浸泡2小时左右；捞出牛肉块，控干汤汁后切薄片即可。

营养点评：牛肉富含蛋白质，尤其含铁较丰富。我们在日常餐桌上也会以煎牛排、炒牛肉的方式食用。

2014年2月6日 周四　晴，好几天都笼罩在雾霾中

早餐：鲜奶、饼干

午餐：南瓜米饭、酱牛腩、清炒油菜、红烧肉海带

晚餐：杂粮粥（葡萄干、栗子、红豆、莲子杂粥）、蜜汁烤翅、酱猪肝、莲藕、菠菜炖豆腐肥牛

消夜：双皮奶、木瓜

碎碎念 阿雨他们高三的孩子提前一天上课，且一上课就连着两天考试。还在休假的爸爸妈妈义不容辞地承担起送两餐饭的工作。

阿雨今天要求爸爸晚上9点半接她，其实她要求几点回我们没什么意见，孩子很累，很辛苦，希望她可以调整好自己。完成了开学的考试，问考得怎么样，我看阿雨有些没底了，每次问都说不怎么好，下次不问了，不给她压力。

2014年2月7日 周五　忽如一夜冬雪来

早餐：鸡蛋挂面

消夜：双皮奶

碎碎念 居然下雪了，这一年终于没有白过，一场不那么大的雪如期而至，让我们觉得这个冬天终于完美了！

2014年2月8日 周六

早餐：猪肉芹菜包子、五谷磨坊养生糊

消夜：鲜奶

碎碎念 我晚上回来光顾着看电视剧，结果忘记给阿雨做双皮奶了，跟阿雨说抱歉，阿雨接受了，最后喝着鲜奶对我说："妈妈，你也太不走心了，不做双皮奶也罢了，居然鲜奶里有粉条。"啊？怎么来的，不知道呀！

2014年2月9日 周日 久违的蓝天，今天天不错，有些冷

早餐：汤圆酒酿卧鸡蛋

晚餐：紫薯米粥、清炒芥蓝、蒜泥拌墨斗鱼、蜜汁烤翅

消夜：双皮奶

㊣㊣㊣ 周日终于放假一天，一早送走阿雨，我和雷先生的师姐一起去参加计桥的报考培训。本来想中午两人在紫竹院公园附近再吃点儿新鲜的，但一想到明天要上班，午后早市就撤了，还是决定回去买菜。午睡了一会儿，我们两人就开始操持阿雨的晚餐。雷先生带走给阿雨送的晚餐，看看剩下被我合在一起的一盘菜，感觉做父母的幸福，呵呵！

一周食谱营养点评

黄骨鱼是我们一家在成都都江堰旅游时尝试的一种河鱼，味道鲜美，口感嫩滑，回来发现山姆店也有卖的，立即购入。还是雷先生操刀，炒万能番茄酱，放入豆腐、黄骨鱼一锅炖，别提多鲜美了，这道菜是阿雨后来一直保留的点餐内容。当然，单单这三种食材，哪一个营养都不差，简直是完美的结合。

酱牛肉、酱牛腩是雷先生的拿手好菜，虽然我不喜欢他用足调料，觉得既浪费又费劲，但是酱的牛肉的味道真是没得说，也才明白为什么酱牛肉都是凉菜，热时味道还真是差一些。

蒜泥拌墨斗鱼，这是我老家的做法，墨斗鱼相对脂肪低些，和烤翅这种高脂肪的食物一起搭配食用刚刚好！

第三十四周饮食日志

2014年2月10日 周一 天真蓝啊！入冬以来最冷的日子居然在立春之后到来

早餐：八宝粥、酱牛腩

消夜：双皮奶、草莓

碎 碎 念 一年一度的草莓节又开始了，雷先生的徒弟又给送来了新鲜的草莓，真好吃。我称了一下，每个有25克重，真不错。

下班后约师姐一起去菜百给阿雨买了件生日礼物，两只纯金的小鱼护着一个小珠子，代表爸爸妈妈对她一生的呵护。18岁，多么的圣洁！

2014年2月11日 周二 晴好几天，又有雾霾了

早餐：肉龙、花生黄豆豆浆

消夜：双皮奶、草莓

碎 碎 念 草莓富余了，干脆给阿雨带到学校和小伙伴分享，这是不能放置的一类食物。

今天问阿雨想怎么庆祝生日，想请她去吃牛排，王品台塑的牛排很不错，我一个人都舍不得去吃。阿雨说那天有同学中午来家里给她庆祝，还说不是那么期待，因为胃口不佳。可是看她喝双皮奶还成，这样我还放心点儿。不想让她一直紧绷着这根弦，还是应该张弛有度的。

2014年2月12日 周三

早餐：八宝粥、酱牛腩

消夜：双皮奶

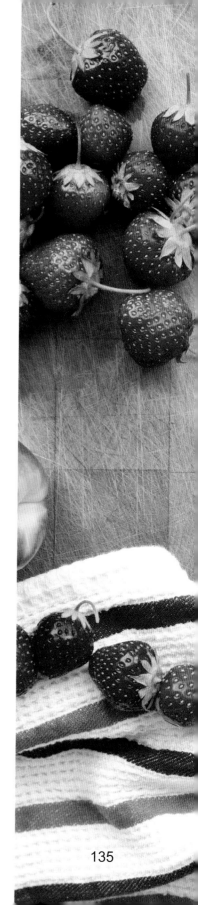

自制豆浆

营养师妈妈的
私房菜

原料： 黄豆75克，各种坚果35克左右（3人份）。

做法： 各种坚果焙好与浸泡好的黄豆一起加水之后放入豆浆机搅打即成。

营养点评： 往豆浆里放坚果是我给阿雨尝试吃坚果的方法之一。阿雨不怎么喜欢坚果，于是我把花生、葵花子、芝麻、松子等烘焙好交给豆浆机就行了，这样坚果她怎么也挑不出来了。另外，烘焙好的花生、芝麻等坚果的芬芳香味也很宜人。

2014年2月13日 周四

早餐：肉龙、五谷磨坊养生糊

晚餐：意酱面

碎碎念 阿雨明天学校放假一天，今晚就没上晚自习，家里没什么吃的，千叮咛万嘱咐雷先生早点儿回来做他拿手的意面酱，我到家先把所有的食料都准备好。雷先生今晚发挥得不错。我还为阿雨煲了开胃健脾汤明天喝。一般阿雨在家吃晚餐，就不吃消夜了。

2014年2月14日 周五　正月十五　情人节

早餐：醪糟汤圆鸡蛋

餐前：开胃健脾猪肉汤

晚餐：酸菜猪肉牛肉馅水饺、水果拼盘（木瓜、苹果、香蕉）

碎碎念 阿雨喜欢吃酸菜馅儿水饺。昨晚用同学从广州带过来的煲汤料熬了开胃健脾汤，今天阿雨晚上一进门，就给盛上煲好的汤，既暖胃又充饥，这样就可以等到雷先生回来一起吃饺子了，毕竟今天是元宵节嘛。晚上我们喝了点儿红酒，阿雨喝的饮料。

2014年2月15日 周六　雾霾

早餐：广式腊肠米饭、紫菜虾皮鸡蛋黄香菜汤

午餐：二米饭、自制毛血旺（猪血、肥肠、猪腰、蟹味菇、魔芋丝、菠菜）、酱油蘸儿菜、菠萝

消夜：双皮奶、海南千禧红圣女果

碎碎念 阿雨今天开始自主招生集训，历时两周，从早上7点半到晚上10点半。想好了，如果双休日我们在家就中午把她接回来休息一会儿，中午可以休息两小时。

今早我们送她到学校，夫妻俩就直接爬香山了，下山的路上突然想起家里有包海底捞的毛血旺调料，于是两人置办了一大堆食材，没想到雷先生发挥不错，虽然没有毛肚、黄鳝，但味道一点儿不差。不过阿雨说毛血旺太辣，她不喜欢，虽然吃得不少，不过还是以后给她准备清淡些吧。

中午搂着阿雨睡了30分钟，觉得挺幸福。

2014年2月16日　周日　　雾霾严重

早餐：牛奶鸡蛋燕麦粥、肉龙

加餐：山东麻皮富士苹果

午餐：紫薯米饭、尖椒炒肥肠、尖椒炒腰花、照烧鸡、蒜蓉甜豆、小白菜汤

消夜：双皮奶

碎 碎 念 阿雨和雷先生念叨好几天照烧鸡了，我在网上查了一下，还以为照烧是什么高难厨艺呢，原来照烧汁不过就是蜂蜜生抽加几滴料酒而已，今天我决定发挥一把，制作这道菜的要点就是在收汁过程中，绝对要掌握好火候，稍过一点儿就会出现焦糖色。

一周食谱营养点评

对于学习西医营养专业的我，很少去细细研究中药材的功效，而开胃健脾汤料对于我来说，也只固执地认为它就是食材的一种，会含些独特的营养素，因此我不会拒绝，而阿雨也习惯尝试各种食材。

在我看来毛血旺这道菜就是在用麻辣的调味掩盖鸭血、肥肠、腰花等食材的味道，其实对于我们的家来说不必，因为我们能接受这种味道。

照烧鸡经常在日餐中吃到，不过是鸡胸、鸡腿肉的一种加工方法而已。鸡腿肉、鸡胸脂肪含量较少，阿雨并不钟情于调味过的任何禽类，尤其是鸡，我煲鸡汤几乎不放任何调料，阿雨也可以吃其中的鸡肉。

甜豆上市了，偶尔会买回来吃，忘记甜豆的营养成分了，但是任何食物都是有营养的。

138

第三十五周饮食日志

2014年2月17日　周一

早餐：意酱面

加餐：山东麻皮富士苹果

消夜：双皮奶、柚子

碎碎念 今晚我第一次用4个蛋清加工了3份双皮奶，下次不再这么做了，阿雨嫌稀了，口感不如3个蛋清的两份双皮奶。

2014年2月18日　周二　轻度雾霾

早餐：猪肉蒜黄馄饨、紫菜虾皮汤

加餐：山东麻皮富士苹果

消夜：双皮奶

碎碎念 今天又发现一个可以令双皮奶发挥更好的窍门——在往外倾倒奶液时，要注意别把奶皮留在碗沿上，用筷子把它拨到剩余的奶液上，这样往回倒奶液时更加容易让奶皮浮上来。

今天阿雨美滋滋地告诉我们，她在当选区三好生的基础上今天又入围了市三好生选拔，听得出其中的得意。阿雨有了独立的思想，认为自己当选市三好生的概率不大，但是一旦入围还是有好胜心的。我们很理解地告诉她，都是区三好了，爸爸妈妈够骄傲了，别管那个市三好是什么结局了。

集训4天了，阿雨自我感觉不错，她觉得这样比较有目标，知道干什么，我很欣慰。

酸汤肥牛（简化版）

营养师妈妈的私房菜

原料：肥牛片约300克，莴笋1根，粉丝适量，金针菇一小把，泡野山椒6～7个，泡椒水少量，剁椒两勺，姜1小块，蒜3瓣，小葱2～3根，香菜1根，朝天椒1～2个，白醋3大勺，鸡汁浓汤宝1块，料酒、生抽、胡椒粉、植物油少许。

做法：

1.莴笋切丝，金针菇洗净拆散，粉丝用温水泡软，姜切片，蒜切末，小葱切成葱花，香菜切碎，朝天椒切碎。

2.锅中加水烧开，把金针菇、粉丝、莴笋丝分别焯一下，准备好盛菜的大碗，自下而上依次铺放烫好的金针菇、粉丝、莴笋丝。

3.另起锅，加油，烧热后加入姜片爆香，再加入剁椒和野山椒炒出香味，加入泡椒水和少许生抽炒匀，加入一大碗开水和一块鸡汁浓汤宝。

4.汤煮沸，待浓汤宝全部化开后加入白醋、料酒、胡椒粉，转小火继续煮汤汁。

5.另起锅，加入水，大火烧开，放入肥牛片，待肥牛片刚全变色，水略开时关火，迅速把肥牛片捞出，放在大碗中（注意，肥牛片一定不要烫得太老，否则会发柴，口感差）。

6.用滤网把汤汁中的剁椒和野山椒滤出，在已经烧沸的汤汁中加入朝天椒、蒜末、葱花，待汤再开后关火，将汤汁浇在烫好的肥牛片上，撒上碎香菜即成。

营养点评：酸汤肥牛是我和雷先生在外就餐学回来的一道菜，好在阿雨和大卢院都喜欢吃肥牛，配上酸辣味道，是我们家改善胃口的看家菜。

营养师妈妈私房话

真正的酸汤做法是有讲究的，需要时间准备，为了方便快捷采用白醋代替，口感近似，算是简化版。

2014年2月19日　周三

早餐：意酱面

加餐：山东麻皮富士苹果

消夜：双皮奶

(碎)(碎)(念) 阿雨说今天市三好生投票，但是还没公布结果，突然希望她可以当选。

2014年2月20日　周四　严重雾霾天

早餐：牛肉饼、益元八珍粉

消夜：双皮奶

(碎)(碎)(念) 今天家长群在说，好像3月1日的自招考试十一学校将组织学生统一前往，学校还真地道，不但缓解了交通压力，孩子们在一起还可以相互鼓劲。

2014年2月21日　周五

早餐：豆腐蟹味菇土豆番茄汤、馒头

(碎)(碎)(念) 今天和同事逛街，没来得及做双皮奶，阿雨没吃消夜，似乎习惯了这口。

2014年2月22日　周六　严重雾霾

早餐：冷面（热汤），酱牛腩

晚餐：红薯紫薯米饭、苦菊蘸鸡蛋酱、酸汤肥牛、草莓

消夜：双皮奶

(碎)(碎)(念) 今天有朋友组织草莓采摘，我和阿雨商量，午餐在家吃还是在学校吃，如果在学校吃，我们就可以去摘草莓给她。阿雨选择了草莓。

阿雨中午在餐馆吃了酸汤肥牛，觉得味道不错，回来要求雷先生尝试。雷先生在做饭上还真有天赋，在尝试新菜品上，没有他不敢做的。第一次酸汤肥牛宣告成功，我们家又多了一道家常菜。

2014年2月23日 周日　雾霾继续

早餐：酸汤肥牛面

午餐：王品台塑牛排

加餐：苹果

晚餐：八宝粥、热拌三丝（圆白菜、粉丝、木耳、鸡蛋皮）

消夜：双皮奶、草莓

碎碎念 今天阿雨休息，本来想25号生日那天带她去吃牛排，但阿雨选择了提前过生日，因为不想请假耽误课。阿雨和我不同，记得当年我是"敢于"逃课的。

阿雨终于长大成人。但是她性格很好，善良、诚实，这是最珍贵的品质。我们为她自豪。

一周食谱营养点评

酸汤肥牛绝对堪称营养丰富，且是刺激食欲的好菜肴。基本配料是肥牛、莴笋、粉丝等，味道特点就是酸辣、爽口！

拌三丝是我的发挥，通常我最拿手的就是把多种食材混合在一起制作，说是拌三丝，其实食材越多越好，依据家人的口味喜好调味即可。

第三十六周饮食日志

2014年2月24日 周一　严重雾霾持续

早餐：花生红枣汤圆醪糟煮蛋

消夜：双皮奶、草莓

碎碎念 雷先生出差未归，只好我一人去接孩子了。有段时间，都是我在家准备消夜，雷先生一个人接孩子。今天我一个人接，感觉有点儿冷清，下次我还是陪他一起接孩子吧。

路上阿雨告诉我有可能当选市三好生，看来孩子还是蛮期待的。

2014年2月25日 周二　阿雨生日

早餐：番茄鸡蛋长寿面

消夜：双皮奶、柚子

碎碎念 雾霾到了极致的程度，这天气不知道要示威到何时。晚上很不想出门，就让雷先生一个人接阿雨，善良的人啊，这种天没人爱出门！

阿雨说学校从教委申请增加了市三好生的名额，阿雨属于受惠的一个。今天终于填写了市三好生申请表，阿雨不是那么功利的孩子，但是能评为市三好生，还是很欣喜的，我觉得阿雨起码品格够"三好"！

双皮奶

原料： 鲜奶750毫升，鸡蛋白（4个鸡蛋），白砂糖适量。

做法：

1.鲜奶分4份装在4个碗里，上屉蒸，水开后关小火蒸10分钟后取出，放凉生成第一层奶皮。

2.从碗边把奶皮打开一个小口子，沿碗壁缓缓倒出奶液，最后碗底一定要留一定量的奶液，这样可以防止奶皮完全贴在碗壁上之后无法将混合好的奶液倒回来。

3.所有倒出的奶液与蛋白、白砂糖混匀过滤，再沿着碗壁的奶皮破口处倒回（我们用豆浆机配备的杯子混合奶液、白砂糖、鸡蛋白刚刚好，容量合适，用豆浆机配备的过滤筛子过滤刚好可以把混不匀的蛋白滤掉）。

4.上屉蒸10分钟，切记小火，取出后放凉。

5.放入冰箱冷藏备用，随时可以食用了！

营养点评： 阿雨喜好这口，鲜奶很有营养价值，那就做吧，就是稍微费时些，不过后来发明了一次做4碗，还是值得花些时间的！

2014年2月26日　周三　白天仍然雾霾严重，傍晚下起小雨

早餐：红豆薏米大米粥、王品台塑牛排

消夜：双皮奶、圣女果

(碎)(碎)(念) 久违了，一场所有人都期盼的小雨终于如期而至。真有些受不了了，气管已经开始有反应，一周的雾霾太吓人了。

2014年2月27日　周四　终于见蓝天，心情都轻松很多

早餐：麻酱花卷、番茄鸡蛋紫菜汤

晚餐：二米饭、照烧鸡、酸汤羊肉

消夜：双皮奶、麒麟瓜

(碎)(碎)(念) 今天是高考倒计时100天，很多学校在这一天举行誓师大会，阿雨学校没走这形式，我觉得挺好。阿雨说学校的电子牌上有显示，看了觉得紧迫。

2014年2月28日　周五　天气不如昨天

早餐：鸡蛋牛奶燕麦粥

消夜：双皮奶

(碎)(碎)(念) 最近要求阿雨和雷先生每天带一个苹果，坚持了好几天，今天两人都忘记带了，批评了雷先生。

阿雨明天要参加自招考试，考完就告一段落了。

2014年3月1日　周六　温暖的一天

早餐：番茄鸡蛋面

午餐：必胜客

加餐：苹果、梨、香蕉

晚餐：南瓜米粥、西洋菜排骨汤

(碎)(碎)(念) 阿雨今天参加自招考试，我们早早赶去考场。雷先生说起码有上万人赶考。虽然没有那么夸张，可人多直接造成了严重的堵车。阿雨昨天和爸爸报了学而思的数学培训班，今晚开始上课，雷先生继续负责接送。

2014年3月2日 周日 晴朗的天

早餐： 西洋菜排骨汤、肉龙

晚餐： 红薯粥、熘肝尖、酱油蘸儿菜、白豆腐蘸酱

🔘🔘🔘 今天天气还算晴朗，一早起来和雷先生去爬香山，回来叫醒阿雨吃早餐。阿雨身份证过期了，吃完早餐三人一起去派出所。

下午阿雨去学校读书，坚持自己骑车，为环保做贡献。雷先生今天第一次做熘肝尖，居然成功了，火候到位，好吃！

一周食谱**营养点评**

熘肝尖是我们第一次尝试。猪肝营养丰富，主要用来补铁。当然，我会注意量，不会太常选择，每周或者两周吃一次即可。雷先生通常会配些葱头、尖椒一起爆炒。我的经验是，肝一定要切得稍微厚点儿炒了才好吃。

第三十七周饮食日志

2014年3月3日　周一　　雾霾再现

早餐：益元八珍糊糊、泡菜饼

加餐：苹果

消夜：双皮奶

🈳🈳🈳 今天又是一个雾霾天。每次做完双皮奶我就要考虑不能浪费余料蛋黄，用它做泡菜饼是不错的利用。

2014年3月4日　周二　　又见蓝天，和煦的风

早餐：益元八珍糊糊

🈳🈳🈳 因为老师的疏忽，阿雨的体育成绩没有登全。阿雨手机又坏了，她让爸爸联系老师，结果闹得不愉快。

2014年3月5日　周三　　持续蓝天

早餐：番茄鸡蛋面

消夜：双皮奶

🈳🈳🈳 今天是雷先生做的早饭。阿雨今天体检，安排在下午，结果上午、中午都没吃东西，一日三餐合成一顿了。我有些懊恼，应该给她准备点儿吃的让她带着的。

番茄鸡蛋面

原料：鸡蛋2个，番茄2个，面条100克，橄榄油、盐、味精各适量。

做法：

1. 热锅下油，加入切好的番茄，炒出番茄汁后加水。

2. 汤开后下入面条，面条煮熟后淋入打匀的鸡蛋液，鸡蛋熟后加盐、味精调味后即可。

营养点评：番茄口感偏酸，尤其是加热后，特别开胃，很适合作为早餐。番茄虽然不是绿叶蔬菜，但其营养价值却不输于绿叶蔬菜。它富含β–胡萝卜素、维生素C、钾、果胶等营养素。

营养师妈妈的
私房菜

Yingyangshi
mama de
Sifangcai

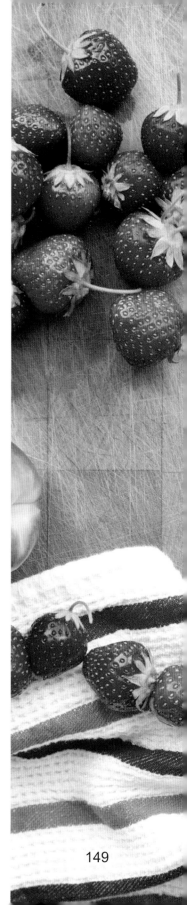

2014年3月6日 周四　天气晴朗

早餐：牛奶鸡蛋燕麦粥

消夜：双皮奶

㊙㊙㊙ 今晚我完成了营养师妈妈书稿的第三次修改，慢慢摸索应该会越来越完美。既然做了，还是希望能顺利出版。

2014年3月7日 周五　雾霾又现

早餐：玉米条卧鸡蛋

消夜：麻辣烫（海带、萝卜、鸭血、金针菇）

㊙㊙㊙ 阿雨今天要求晚上9点半去接她。其实一直以来我们没有要求她晚自习必须上到几点，无论上到9点半，还是10点半，我们都支持她。

今天没做双皮奶，接阿雨回来的路上直接买了点儿麻辣烫。

2014年3月8日 周六　轻度雾霾

早餐：益元八珍糊糊

午餐：二米饭、酸汤肥牛、水果拼盘

晚餐：二米饭、清炒茼蒿、熘肝尖、梅花肉炒甜豆、水果拼盘

消夜：羊肉串

㊙㊙㊙ 以后的周六多为阿雨的考试日。中午雷先生提议做酸汤肥牛，为了避免只做白米饭太单一，在杂粮袋里找出一些大黄米，放进去，居然很好吃，糯糯的。但是阿雨不怎么喜欢这种口感。

今天突然觉得雷先生很辛苦，有些时日了，在饮食上都是我出方案，雷先生实施。雷先生，你辛苦了！

2014年3月9日 周日   阳光明媚，有轻度雾霾

早午餐：二米红薯粥、羊肉片萝卜木耳粉丝汤、酱牛肉

晚餐：八宝粥、肉片焖扁豆、肉片生笋木耳、熘肝尖、水果拼盘（橙、草莓）

消夜：双皮奶、杧果

㊗㊗㊗ 我因为晚上有事出门，让阿雨早点儿回来吃饭，饭后又送到她学校读书，10点接回来。

阿雨现在脾气很大，稍不顺心就发脾气。雷先生不让说，可是我不想让她变成一个暴戾的孩子！

一周食谱营养点评

玉米条，就是用玉米面压的条，是我自己钟爱的食物之一，北京不是很容易找到，所以家人来时都会带些过来。玉米条水分比较少，因此烹饪之前需要充分浸泡，但是玉米条很容易煮熟，配料也很简单，鸡蛋酱、各种卤都可以。

第三十八周饮食日志

2014年3月10日　周一　晴，轻度雾霾

消夜：双皮奶、杧果

🟤碎🟤碎🟤念 早上做梦，糊里糊涂把闹钟关了，结果没来得及给阿雨准备早点，连加餐水果也没准备。

2014年3月11日　周二　轻度雾霾，春天挡不住了

早餐：肉龙、萝卜粉丝羊肉蛋黄汤

消夜：草莓、双皮奶

2014年3月12日　周三　微风，天气晴好，令人神清气爽

早餐：醪糟汤圆卧鸡蛋

加餐：苹果、草莓

消夜：双皮奶、香瓜、草莓

蒜蓉茼蒿

原料： 茼蒿400克，蒜瓣、盐、植物油各适量。

做法：

1.茼蒿洗净后沥干水分，蒜瓣切碎，备用。

2.热锅下油，放入蒜末，爆出香味后放入茼蒿，快速翻炒，待茼蒿变软后加适量盐调味即可。

营养点评： 常吃茼蒿，对咳嗽痰多、脾胃不和、记忆力减退、习惯性便秘均有较好的疗效。而当茼蒿与肉、蛋等共炒时，则可提高其维生素A的吸收率。将茼蒿炒一下，拌上芝麻油、味精、盐，清淡可口。

2014年3月13日　周四　晴好，蓝天

早餐：肉龙、番茄紫菜蛋汤

消夜：双皮奶、杧果

🈹🈹🈺 阿雨说肚脐还是有液体渗出，处理两天又好些，如果周日还不好，就去医院，别耽误了。

阿雨明天开始摸底考试，雷先生唠叨着让我做好后勤。

2014年3月14日　周五　晴好

早餐：牛奶蛋黄燕麦粥

消夜：双皮奶、杧果

🈹🈹🈺 阿雨今天没带课间水果，雷先生说是因为考试没时间吃。

2014年3月15日　周六　晴好，最高温度蹿到20℃，家里的暖气都关了

早餐：花生汤圆酒酿卧鸡蛋

晚餐：南瓜豌豆粥、煎巴沙鱼、煎太湖小银鱼、蒜蓉茼蒿、酱油儿菜、蜜汁烤翅

🈹🈹🈺 晚上接阿雨时在校门口遇到家长群里的家长，问起我出书的事儿，调侃我把姑娘养这么瘦小怎么好意思写书。

2014年3月16日 周日 艳阳高照

早餐：番茄豆腐面、香蕉

午餐：红薯豌豆燕麦米粥、熘肝尖、毛血旺（黄豆芽、猪血、肥肠、梅林午餐肉、金针菇）、番茄黄骨鱼、清炒蒜薹

晚餐：番茄酱煮面条、香蕉

碎碎念 今天做番茄酱煮面条，灵机一动放了块豆腐进去，居然没人嫌弃，都吃了，包括挑剔的外甥大卢院。从营养的角度我觉得这样搭配很合理。

一周食谱营养点评

巴沙鱼是淡水鱼，我们买的是急冻鱼片，加工方便，但是好像不怎么鲜美，不过加入番茄酱烹制，味道居然不错，阿雨也接受。我们后来常做。

银鱼、小海虾、小河虾除了富含蛋白质，也是补钙佳品。我偶尔会买些回来，让雷先生煎炸给我们吃，但阿雨一般只吃几口。

第三十九周饮食日志

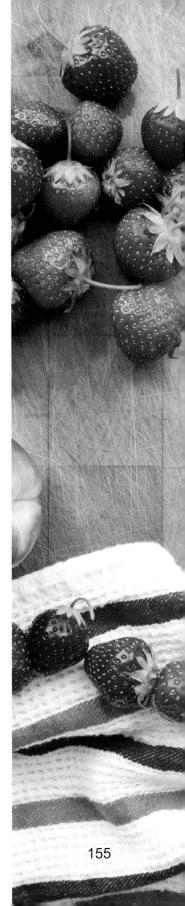

2014年3月17日 周一 轻度雾霾，有沙尘

早餐：肉龙、益元八珍粉

消夜：双皮奶、丑橘

2014年3月18日 周二

早餐：番茄鸡蛋紫菜香菜汤、豆沙包

消夜：双皮奶

碎 碎 念 雷先生最近开车有些野蛮了。阿雨今天跟我商量明天可不可以由我去接她，不爱坐爸爸车了。

2014年3月19日 周三 大晴的天

早餐：山楂汤圆酒酿卧鸡蛋

消夜：鳗鱼寿司

碎 碎 念 今天阿雨说要吃猪蹄，于是下班和同事一起去山姆店，本打算只买猪蹄的，结果还是买了一堆吃的。今天家里没有双皮奶了，给阿雨买了4个小寿司回来换换口味。

清蒸鲈鱼

原料： 新鲜鲈鱼1条，葱丝50克，姜丝20克，蒸鱼豉油、花生油、盐、鸡精各适量。

做法：

1.鲈鱼清理好洗净并控干水分。

2.在鱼身两侧划上两刀，以少量盐及鸡精涂抹鱼身，腌渍15分钟。

3.在蒸盘上码放葱丝之后把腌好的鲈鱼摆上，姜丝撒在鱼身上，上屉蒸，水开后8分钟后关火。

4.去除葱丝、姜丝，把鲈鱼码放在鱼盘上，重新撒上葱丝、姜丝，用热油淋上，再依据口味淋上蒸鱼豉油即可。

营养点评： 鲈鱼富含不饱和脂肪酸，是补充DHA脑黄金的佳品，当然其所含的蛋白质、矿物质也极为丰富。

营养师妈妈的
私房菜

2014年3月20日　周四

早餐：番茄酱鸡蛋面

加餐：山东麻皮苹果、丑橘

午餐：野山笋酱猪蹄

碎碎念 昨天买回来了猪蹄，雷先生连夜赶制，中午阿雨终于可以到学校炫耀老爸的厨艺了。今天光顾着和同事逛街，忘记家里没奶了，结果没给阿雨准备消夜。

2014年3月21日　周五

早餐：山楂汤圆卧鸡蛋

晚餐：紫薯米粥、清蒸鲈鱼、凉拌苤蓝、香辣土豆丝

碎碎念 在超市买菜，阿雨刚好打电话说学校晚餐没有特别合胃口的，就随便吃了点儿，晚上再回来吃正餐，所以9点半就把阿雨接回来了。快10点一家三口才吃上饭，这就是高三的节奏。

2014年3月22日　周六

早餐：绿豆糕

晚餐：意大利面

消夜：粉丝蒸鲍鱼

碎碎念 早餐尝试新的燕麦片，进口的，复合了杂粮、坚果、果干等，结果老土的我们享受不了，我和阿雨几乎没吃，最后只好给阿雨带了两块绿豆糕当早餐。我晚上参加活动，雷先生为阿雨准备的意大利面，阿雨超喜欢。

157

2014年3月23日 周日　轻度雾霾

早餐： "永和豆浆"的大王牛肉面、肉松饭团

午餐： 在"晏之川"吃的脆皮寿司、鳗鱼寿司、虾抓寿司、蔬菜沙拉、照烧鸡、竹青梅烧酒

晚餐： 两和面馒头、豆腐生菜汤、香辣土豆丝、凉拌苤蓝

消夜： 双皮奶、杧果

碎碎念 今天是个大日子，我的一个孕妇朋友郦莉帮我们争取的，一家人在北京一起参加美国大使馆举办的教育主题圆桌会议，米歇尔也出席了。很感动美国大使馆工作人员热情的接待，第一夫人米歇尔很亲切，最后还和我们合影留念。

参加完活动，下午到家已经2点了，我们娘儿俩一觉睡到4点半，干脆准备晚餐，吃饱了把阿雨送到学校上晚自习。

一周食谱营养点评

笋在我家餐桌上并不常出现，但现在确实是吃春笋、冬笋皆宜的时节，因此还是决定买回来尝试。加工的过程中可能焯的方式不合适，口感有些发涩。

绿豆糕是稻香村的作品，我平时很少买，因为以我的认识，还是直接吃绿豆比较好。

丑橘是利霞给带回来的，没想到水分、口感极佳，柑橘类维生素C营养丰富。

两和面馒头是我们初次尝试的，现在超市里各种面粉很多，确实可以多尝试些，和普通面粉发面的过程没什么两样。

第四十周饮食日志

2014年3月24日 周一　雾霾又现

早餐：豆腐汤、两和面馒头

消夜：双皮奶

碎碎念 阿雨今天发了一顿脾气，因为两次周考成绩都不好。我们一直觉得阿雨学习不踏实，这两次她自己意识到了，希望是好事。雷先生越来越有做父亲的感觉，耐心地陪着孩子。我也很欣慰阿雨肯回来和我们宣泄，不希望她自己扛着。

2014年3月25日 周二　持续雾霾

早餐：菠菜木耳丸子汤、馒头

消夜：双皮奶、杧果

2014年3月26日 周三　严重雾霾

早餐：韭菜香菇猪肉水饺、紫菜虾皮鸡蛋汤

加餐：香蕉、丑橘

消夜：香蕉、双皮奶

159

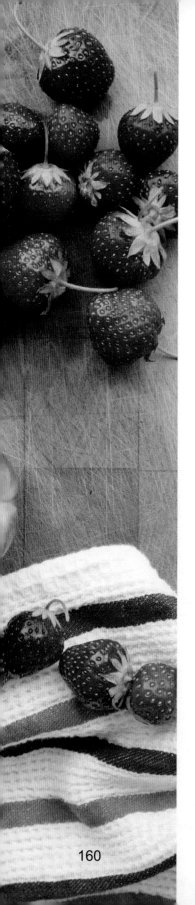

2014年3月27日 周四　持续雾霾，呼吸道又不舒服

早餐：意大利酱鸡蛋面

消夜：双皮奶

碎碎念 雷先生说阿雨今天突然和他提起想去澳大利亚留学，这事对我冲击有些大，我没思想准备。反正阿雨晚上回来说就算将来出去念研究生也想去澳大利亚而非美国。这孩子想法有些怪，大家都想去人大附中的时候她放弃了，大家都去美国留学，她却想选澳大利亚。

2014年3月28日 周五　小雨，雾

早餐：好利来"金砖"面包、牛奶鸡蛋燕麦粥

消夜：红糖姜水

碎碎念 阿雨今天要求晚上9点半去接她，原来感冒了，有些不舒服，回来喝了点红糖姜水就睡了。对于感冒我不怎么着急，觉得感冒而已，没必要吃药，而且我看她的食欲、精力都还好。可是雷先生和阿雨不这么想，尤其阿雨焦虑得很，担心影响考试。我不知道怎么劝她才能消除她的担忧。

2014年3月29日 周六　晴，又见蓝天

早餐：意大利酱鸡蛋面

午餐：二米饭、清炒油菜花、里脊肉烧草菇、葱头鱿鱼、番薯红糖姜水、草莓

晚餐：南瓜米饭、海带鸡汤、酱油芦笋、西瓜

消夜：海带鸡腿

碎碎念 阿雨今天下午4点半下课，回来后吃了点儿饭就赶着去上数学补习班。我想孩子是被自己薄弱的基础部分吓着了，她参加补习班很大一部分是因为这个吧。我告诉她只要坚持了，就对得起自己！希望阿雨能坚持住！

营养师妈妈的
私房菜

二米饭（玉米楂、大米）

原料：大米、玉米楂各适量（大米与玉米楂的大致比例2:1）

做法：将大米和玉米楂淘洗干净后一起用电饭煲蒸制即可。

营养点评：玉米楂含有较多的谷氨酸和B族维生素，有健脑作用，能促进脑细胞呼吸，促进机体氨的排出，促进机体内分泌系统的正常活动。

2014年3月30日 周日　晴，特别温暖

早餐： 红豆薏米大米粥、肉片焖扁豆、尖椒草菇肉片、西瓜

加餐： 银耳枇杷羹

午餐： 米饭、肉丝蒜苗、蒜蓉粉丝蒸鲍鱼、豉汁酱油拌芦笋

晚餐： 大米粥、芦笋

消夜： 双皮奶

㊟㊟㊟ 早上雷先生给阿雨的奶奶扫墓去了，我带着俩孩子吃饭。第一次煮了银耳枇杷羹，没想到阿雨很捧场。感冒也好了很多。

我和雷先生很担忧阿雨的状态，吃了晚饭，试探着问阿雨要不要出去散步，她居然答应了，散完步她的心情应该好了很多！

外甥今天在，雷先生特意做了鲍鱼，俩孩子很配合地都给吃了。我下午出去开会，没来得及吃午餐，晚上跟阿雨说应该给妈妈留的，想让她知道爱！

一周食谱营养点评

红糖姜水是在超市买的成品，阿雨这周有些感冒，喝些姜水暖暖胃，至于红糖补血我不怎么认同。

银耳枇杷羹是最新佳肴。中医认为，枇杷有理气之功，我顺应这含义，买了新鲜的枇杷回来。枇杷的味道很淡，直接吃没什么特别之处，但是适当加些冰糖煮着吃味道好很多。阿雨喝枇杷羹的时候刚好感冒的小周期也过去了，月经也差不多结束了，她特别佩服妈妈的"感冒秘方"。

第四十一周饮食日志

2014年3月31日　周一　轻度雾霾

早餐：鸡蛋银耳菠菜汤、肉龙

消夜：双皮奶、银耳枇杷羹

(碎)(碎)(念) 银耳是昨天泡发剩下的，早上做汤就直接放里面了，希望阿雨别嫌弃。阿雨主动要求喝枇杷羹，跟她商量双皮奶不喝就坏了，她就喝了。这孩子这点好，基本给什么吃什么。

2014年4月1日　周二　轻度雾霾

早餐：意大利酱鸡蛋面

加餐：苹果、丑橘

消夜：双皮奶、银耳枇杷羹

(碎)(碎)(念) 今天得夸一下自己：煮饭、煮银耳枇杷羹、做双皮奶，甚至把腔骨都煮好了，明早吃！

2014年4月2日　周三　轻度雾霾

早餐：紫薯粥、骨头汤炖白菜海带

加餐：银耳枇杷羹

消夜：双皮奶、台湾青杧

2014年4月3日　周四　晴好，有风

早餐：煮鸡蛋、韩国冷面（热汤）

加餐：丑橘

消夜：双皮奶、台湾青杧

番茄豆腐黄骨鱼汤

原料：黄骨鱼4～5条，番茄3个，北豆腐约250克，姜片、葱花、盐、胡椒粉、植物油各适量。

做法：

1.将北豆腐切薄块，在油锅里略煎一下，煎的时候在豆腐上撒点盐，两面微黄盛出备用。

2.锅中留底油，放番茄进去翻炒出汁，加水3小碗。

3.把煎好的豆腐块放进去大火煮开，然后将黄骨鱼、姜片放进去。

4.大火煮开后转中小火煮半小时左右，加盐、胡椒粉调味，撒点葱花出锅。

营养点评：黄骨鱼又名黄辣丁、黄腊丁，是常见的淡水鱼。我们最早是在四川都江堰地区吃冷火锅时尝试过黄骨鱼，当地给予很高的养生称誉，而我们把这道菜搬上餐桌只为阿雨的喜好。黄骨鱼配豆制品完成了完美的动植物蛋白的互补，美味与营养兼得。

2014年4月4日　周五　晴

早餐：番茄排骨鸡蛋面

加餐：丑橘

晚餐："天和晟北京吃食"——爆肚麻酱、香辣卤煮、韭菜盒子、酸奶水果拼盘、爆三样、驴打滚

（碎）（碎）（念）阿雨"下令"：妈妈不要把水果混在一起。于是，我今天接令只带了丑橘。下班回家发现阿雨在家，不知道大小姐今天没上自习，没准备吃食，懒得出门买菜了干脆三人外出就餐。

2014年4月5日　周六　晴，清明节小长假第一天

早餐：南瓜粥、爆三样（猪肝、腰花、肥肠）

午餐：甜玉米粒煮米饭、蒜香牛肉粒、热拌菠菜、豆腐丝拌香椿

加餐：水果拼盘（香蕉、火龙果、草莓）、杧果酸奶

晚餐：驴打滚、番茄黄骨鱼、荠菜豆腐丸子汤

消夜：双皮奶、水果拼盘（草莓、香蕉、火龙果）

（碎）（碎）（念）今天阿雨吃着果盘告诉我："妈妈，别的同学带的水果有时候就不好吃，可是妈妈带的每次都好吃。"

今天第一次买了荠菜回来，尝试做了荠菜豆腐丸子，因为丸子容易散掉，最后变成了荠菜豆腐羹，竟意想不到的好吃。

2014年4月6日 周日 小长假第二天

早餐：豆沙包、豆腐荠菜羹

午餐：山药米粥、可乐鸡翅、拌豇豆、枇杷银耳醪糟、牛尾胡萝卜土豆番茄汤

晚餐：花生米饭、酸汤肥牛、尖椒炒猪肝、肉丝蒜苗

消夜：鲜奶

㊀㊁㊂ 中午雷先生去接回老家扫墓的爷爷，所以由我来给阿雨送饭，并响应阿雨号召，环保出行，骑自行车过去。晚餐是把阿雨接回来吃的，吃完送她上自习。

一周食谱营养点评

　　香椿芽开始上市了，买了点回来和豆腐丝一起拌着吃。这是季节性太强的食物，就那么一两周，有时候想多吃点儿，可是会发现如果拌豆腐放太多香椿芽居然就不是那个味儿了，看来不能放多。

　　荠菜也是时令菜，本想做荠菜豆腐丸子，最后变成了荠菜豆腐羹，竟然一样好吃，剩下的做了包子馅儿。

第四十二周饮食日志

2014年4月7日　周一　天慢慢热了，柳絮满天飞

早餐：荠菜豆腐猪肉包子、香蕉、柠檬水

午餐：鸡蛋牛奶吐司、绿豆粥、可乐鸡翅、小白菜、杧果

晚餐：鸡蛋牛奶吐司、番茄虾仁豆腐、清炒苋菜

㊉㊉㊉ 今天我和雷先生原计划出去听报考的课，因此不打算在家做晚餐了，没想到只是迟到几分钟，就没位置了，站位都没有，结果我俩只好灰溜溜地回来了。我们决定回家做饭。阿雨喜欢我做的葱烧虾，中途买了草虾，买的苋菜也不错！

2014年4月8日　周二　轻度雾霾，阳光还是好的

早餐：牛尾汤煮鸡蛋面

消夜：枇杷银耳羹

㊉㊉㊉ 雷先生下班到家已经不早了，回来居然还琢磨阿雨早餐吃什么，主动要求做意大利酱，这可是很费时间的。其实雷先生现在的表现很让我感动，他是个不太会照顾人的人，但是渐渐地也有了这份心。

2014年4月9日　周三　中度雾霾

早餐：意大利肉酱面

消夜：枇杷银耳羹

㊉㊉㊉ 一早，雷先生嘱咐我不要问阿雨一模考得如何，不然会让她紧张，这爸爸越来越有样了！

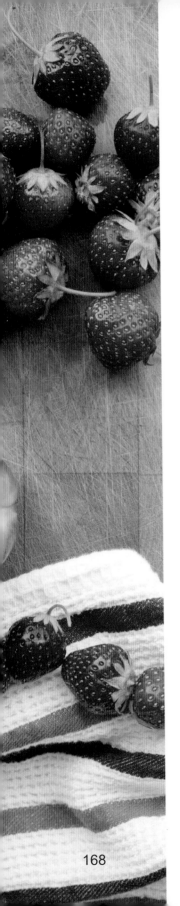

2014年4月10日　周四

早餐：荠菜猪肉包子、醪糟蛋花

碎碎念 我去赴师姐的生日宴，带比萨回来给阿雨吃。她居然不吃，说很饱，把带去学校没吃的课间水果吃了。

今天阿雨完成了一模考试，据说明天开始考西城一模。我倒不在乎考什么，阿雨可以晚起多睡会儿就好。

2014年4月11日　周五　　温度宜人

早餐：意酱面

晚餐：权金城烤肉——生腌牛排、五花肉、热汤冷面、拌八爪鱼、小菜

碎碎念 阿雨今天提前放学了，明天开始考口语，因为不同的学生在不同时间考，所以学校放假两天。阿雨没自习，雷先生回来晚，我不想做饭了，和阿雨去吃烤肉。

阿雨今天"一模"成绩出来了，居然考了667分，排名38，看得出她自己挺满意。

2014年4月12日　周六　　晴

早餐：鸡蛋肉松寿司、鲜奶

晚餐：番茄冬瓜扇贝竹荪汤

碎碎念 只要备好合适的米、寿司醋、蛋黄酱，没有做不好的寿司。第一次下手做寿司，居然得到两位家庭成员的连声称赞。香米不能水放多了，因为要用醋拌；蛋皮尽量厚点，做成条会更好。第一卷忘记放蛋黄酱了，不过阿雨一样喜欢。一大早蒸米饭时间稍微紧张些，6点起床，蒸米饭用的时间多，卷起来倒是超级容易。

阿雨一早被同学周思涵妈妈送去考口语，之后又看电影，4点才回来，说没胃口，只喝了点儿汤。

2014年4月13日　周日　　轻度雾霾

早餐：寿司、鲜奶

午餐：猪肉大叶芹水饺、葱爆草虾、饺子汤

晚餐：紫薯甜玉米鲜豌豆米粥、豉汁酱油生菜、牛肉丸子冬瓜番茄汤

消夜：草莓、鲜奶

🔴碎🔴碎🔴念 第二次尝试寿司，这东西没技术含量，就看放什么馅。阿雨建议做精致点儿，小点儿，最好一口一个。

今天午餐给阿雨送了12个饺子，10个草虾，又放了点饺子汤，没想到小家伙还真给面子——都吃了。大叶芹是同学从老家带来的，好多，很新鲜。下午包了点儿饺子给爷爷送过去，爷爷很高兴。

一周食谱营养点评

鸡蛋牛奶吐司是在西餐厅看见过的，这次我自己做，很简单。不过以前没想过，两个鸡蛋、150毫升的鲜奶也就可以做两三块吐司。

寿司谈不上有特别的营养，但是拌了寿司醋的糯米阿雨很喜欢。我还特意做给同事家爱挑食的小朋友吃，他很喜欢。

海鲜汤虽然是临时起意的，不过很好吃。把干贝浸泡一会儿，炒制番茄酱后加入开水、干贝、竹荪、冬瓜，稍微放一点儿盐，其他什么调料都不用了，很鲜。干贝营养丰富，竹荪口感不错，总之很好！

牛肉丸子冬瓜番茄汤

原料： 牛肉馅200克，冬瓜500克，番茄200克，盐、鸡精、香菜各适量。

做法：

1.牛肉馅头天晚上腌渍好备用（我一般用料酒、葱、姜、油、盐、糖、花椒水和馅）。

2.番茄去皮，熬制成番茄酱，放入水，烧开后放入冬瓜。

3.待冬瓜快熟时，下入提前做好的丸子，等所有丸子都漂上来，依据口味放入盐、鸡精，撒点香菜调色即可出锅。

营养点评： 这首菜在早上补充水分的同时，又进行了荤素搭配。牛肉馅也可以提前腌渍，番茄、冬瓜易熟，不会用很多时间，做早餐也来得及哦。

营养师妈妈的
私房菜

Yingyangshi
mama de
Sifangcai

第四十三周饮食日志

2014年4月14日　周一　雾霾

早餐：鳗鱼寿司（昨晚超市买的烤鳗鱼）、酸奶

加餐：草莓

消夜：枇杷银耳羹

㉉㉉㉉ 一早起来做寿司，时间稍微紧张了点儿。

2014年4月15日　周二　轻度雾霾

早餐：八宝粥、柴锅酱猪肝（外购）

消夜：银耳枇杷羹

㉉㉉㉉ 今天向腾讯沈柯咨询填报自愿事宜，对方认为选学校胜于选专业，建议选香港科技大学，也和雷先生进行了讨论。有孩子还有一个好处，就是孩子可以成为夫妻俩共同的事业。每次在阿雨学业的关键时候我就更爱雷先生这个人，真正的好男人！

2014年4月16日　周三

早餐：意酱面

加餐：火龙果

消夜：双皮奶

㉉㉉㉉ 雷先生去听学而思"一模"分析，回来后和阿雨交流，说高考真是临近了，要抓点儿紧。我想说现在要功利些了，高考考啥咱学啥，不过没说出口。

豉油芦笋

原料：芦笋400克，橄榄油、蒸油豉油、盐各适量。

做法：

1.开水滴入橄榄油数滴，盐少许，放入洗净的芦笋（我们习惯整条汆水）煮至熟透。

2.将煮好的芦笋捞起放入冰水中冰镇（当然热拌也完全没问题），捞出码盘，淋上蒸鱼豉油即可。

营养点评：这道菜的操作方法极为简单，同样适用于圆生菜、娃娃菜、大白菜等。

营养师妈妈的
私房菜

2014年4月17日　周四　小雨（终于下小雨了）

早餐：寿司

消夜：枇杷银耳羹、双皮奶

🅒🅒🅒 阿雨临时说要吃寿司，因为家里没备食材，只有煎蛋皮和肉松，于是做了最简单的寿司。

2014年4月18日　周五

早餐：汤圆酒酿煮鸡蛋

消夜：双皮奶

2014年4月19日　周六　冷

早餐：麻酱糖饼、冬瓜汤

晚餐：老城一锅（羊蝎子、大白菜、油豆皮、莲藕、面条）

🅒🅒🅒 今天高考咨询会在北建工举行，我们送阿雨去，不过整个过程基本上是雷先生咨询，我跟班。人大的招生办不错，我就看好人大了！

2014年4月20日 周日　天气不错

早餐：意大利酱鸡蛋面

午餐：枸杞山药大米粥、蒜蓉粉丝蒸鲍鱼、皮皮虾、肉丝焖扁豆、肉丝炒蒜苗、草莓

晚餐：香米饭、肉松鸡蛋寿司、清蒸多宝鱼、豉油芦笋、蒜蓉芥蓝、草莓

消夜：双皮奶、枇杷银耳羹

㊐㊐㊐ 阿雨今天参加海淀区教委为海淀区排名前5%的孩子开的"小灶课"，上课地点在海淀区第二办公区。我们把她送过去，然后就直接去岳各庄批发市场了。

下午我和雷先生又去参加学而思组织的高考报名讲座，有些收获，不过很累。结束后，我们去北海、景山、长安街逛了一圈儿才回来。

一周食谱**营养点评**

多宝鱼肉质鲜嫩，不过平时很少在家做，单单是准备鱼盘都困难，因为鱼盘要足够大。当然，蒸锅也得要求配套，好在为了完成我的包子、馒头等作品，我们家有一个超大号的蒸锅。

第四十四周饮食日志

2014年4月21日　周一

早餐：肉松寿司、鲜奶

加餐：草莓

消夜：双皮奶

2014年4月22日　周二

早餐：麻酱糖饼、鸡蛋黄牛奶燕麦粥

加餐：火龙果

消夜：双皮奶

🈳🈳🈯 为了物尽其用，今早用昨晚做双皮奶剩下的蛋黄熬粥，然而看着卖相就不好，我没吃就走了，不知道他俩吃得怎么样。

今天我参加活动，回来很累了，没等阿雨上晚自习回来，我就睡着了。双皮奶是雷先生准备的。雷先生看出我累了，表示明早他准备意酱面，不用我做饭了。

2014年4月23日　周三

早餐：意大利酱面条

消夜：鳗鱼寿司、金枪鱼寿司、菠萝

🈳🈳🈯 昨天都没见到阿雨，今天早晨起床过去亲了亲她。下班后我赶紧去了趟山姆店，回来操持了3小时，包了甜椒猪肉水饺，做了烤鳗鱼寿司、金枪鱼寿司，然后和雷先生一起接阿雨回来，她今晚吃了不少。

鳗鱼寿司

原料：鳗鱼300克，黄瓜1根，胡萝卜半根，海苔1片，寿司醋、大米、糯米各适量。

做法：

1.从超市买回做好的鳗鱼，切条，备用。

2.按照1∶1的比例准备适量大米和糯米，淘洗干净后蒸熟，略凉之后放入寿司醋拌匀，盛出来用备用。

3.胡萝卜和黄瓜切成小细条，备用。

4.寿司帘上放上海苔，把米饭铺匀（一定要四面留白），在铺好的米饭一边放入鳗鱼条、黄瓜条、胡萝卜条，用寿司帘卷好。

5.刀蘸水，切块即可。

营养点评：在食物的做法上偶尔变换一下花样有利于增强孩子和家人的食欲。鳗鱼寿司里面的鳗鱼富含维生素A和维生素E，对于预防视力退化、保护肝脏、恢复精力有很大益处。寿司里面还加入了黄瓜和胡萝卜，在营养上来说可谓是一举多得。

2014年4月24日　周四　　重度雾霾

早餐：金枪鱼寿司、酸奶

🅒🅒🅝 今天接阿雨回来，问阿雨我明天陪大院长出行，穿什么衣服合适。阿雨问院长的性别，说既然是男院长还是穿裙子吧！姑娘是大了，看来她已很有想法了，虽然我最后还是穿了牛仔裤。

2014年4月25日　周五　　下了今年第一场有实际意义的雨

早餐：甜椒猪肉水饺

消夜：双皮奶、草莓

2014年4月26日　周六

早餐：番茄鸡蛋面

午餐：花生米饭、酸汤肥牛

晚餐：黄瓜、金糕、蛋皮、烤鳗鱼寿司、肉片炒扁豆、清炒穿心莲、番茄鸡蛋竹荪汤

消夜：鲜奶

🅒🅒🅝 饭后一家三口聊报志愿的事情。我说大院长鼓励她考清华，说有希望调剂专业，同行建议读相关专业，将来可以帮忙就业。阿雨说："妈妈怎么老有人帮你，一定是你平时行善太多了。"

2014年4月27日　周日

早餐：蛋皮肉松金糕寿司、鲜奶

午餐：清蒸鲈鱼、清炒穿心莲

晚餐：米饭红豆、红豆薏米大米粥、豆腐干炒芹菜、腊肉炒生笋、清蒸多宝鱼

消夜：鲜奶

🅒🅒🅝 阿雨今天第二次参加海淀精英培训，看得出孩子真累了——不想去！不过最后还是去了。下午我们三个都睡了一大觉。晚餐后我又把阿雨送到学校上晚自习，坚持！

第四十五周饮食日志

2014年4月28日　周一

早餐：汤圆醪糟、煮鸡蛋

消夜：干锅鸭头、杞果

2014年4月29日　周二

早餐：驴打滚、丝瓜鸡蛋木耳汤

消夜：鲜奶、杞果

2014年4月30日　周三　天气晴好，今日温度飙升至29℃，这个春天真是舒服

早餐：鸡蛋金糕金枪鱼寿司、酸奶

晚餐：红薯米粥、葱烧草虾、橄榄油拌豇豆、荷兰小黄瓜、木耳拌绿豆芽、西瓜

（碎）（碎）（念）晚餐后阿雨不想学习，我们仨便一起研究填报志愿的事。我佩服雷先生这精神，有点儿任务就一定要仔仔细细研究。不过，一辈子的专业方向，马虎不得！

蛋包饭

原料：米饭适量，鸡蛋2个，彩椒100克，木耳15克，虾仁50克，料酒、盐、鸡精、植物油各适量。

做法：

1.将泡发好的木耳、洗净的彩椒切丁，备用。

2.热锅放油，煸炒处理好的虾仁、彩椒丁、木耳丁（虾仁不必加工，整粒放都没问题），依口味加入料酒、盐、鸡精，盛出。

3.另起锅，煸炒蒸好的米饭（米饭不要蒸得太软）至松散后加入炒好的三丁拌匀盛出，分成三等份备用。

4.锅中再次放油烧热，加入打好的蛋液做皮，不必完全成形时即可放入一份炒饭。

5.用铲子固定在蛋皮的一角，用盛具把另外一角翻上来，让蛋皮自然融合完全成形即可出锅了。阿雨喜欢番茄酱，我会在上面淋上少许番茄酱，再在盘边摆上一棵香菜或者胡萝卜，色、香、味、营养俱佳！

Yingyangshi mama de Sifangcai

营养师妈妈的私房菜

营养点评：此道菜肴具备基础的碳水化合物，可以搭配任何的适宜煸炒的蔬菜，比如彩椒、芦笋、胡萝卜等，配以虾仁、鸡蛋，绝对是一道营养全面的菜肴，适合早、中、晚餐。做好这道菜的重点是做好蛋皮，不过就算蛋皮失败了，直接蛋炒饭一样不欠味道和营养，只是卖相差些。

2014年5月1日　周四

早餐：八宝粥、裙带菜、鲭鱼罐头、西瓜

午餐：羊蝎子（拼锅羊蝎子，除了肉还有油麦菜、娃娃菜、油豆皮、烧饼）

晚餐：蛋包饭、番茄鸡蛋紫菜香菜汤

碎碎念 没出去买菜，晚餐去"下厨房"网站找菜谱，看到蛋包饭，问他们去KFC吃还是吃蛋包饭，阿雨选择蛋包饭，认为还是蛋包饭健康些。看来自己虽然没有喂肥喂高阿雨，但是健康的饮食意识她还是有的。

阿雨就放这一天假，基本没学习，我们也没太催促她。不过我看电视剧雷先生不是很高兴，认为这样对女儿影响不好。

2014年5月2日　周五　　大风，晴

早餐：蛋包饭、鲜牛奶

午餐：花生米饭、酸汤肥牛

晚餐：米饭、香辣土豆丝、橄榄油拌油菜、糖醋排骨、猕猴桃

消夜：双皮奶

2014年5月3日　周六　　晴，大风，局部地区有雨

早餐：鸡蛋牛奶煎馒头、番茄香菜排骨汤

午餐：花生米饭、驴打滚、蟹味菇豆腐羊肉片番茄汤、清炒苋菜、肉片烧草菇

消夜：双皮奶、台湾香杜

碎碎念 中午没计划好时间，结果送饭晚了，阿雨火了，赌气说让爸爸晚上不用送饭了，吓得我们发个短信保证晚餐及时到，人家没回。结果5点半了，打来电话，问送饭不，语气已经恢复正常，看来气消了。我本来想发火，压下来了，想想自己小时候，也不是时时能理解爸妈的！

2014年5月4日　周日　持续大风

早餐： 菠菜猪肉丸子汤、花生米饭

消夜： 双皮奶、枇杷

🔴碎🔴碎🔴念 我有时候还是犯糊涂，阿雨明天"二模"，我记成后天了。孩子还是有些焦虑的，下晚自习回来我和雷先生各问她一遍洗澡还是泡脚，她就烦了。

我偶尔会想起自己年少的时候是如何对待父母的，所以女儿的坏脾气没怎么让我生气，倒是让我更加想念父亲！洗完澡我已经上床了，阿雨让雷先生吹头发，阿雨现在一旦发现我上床了就不怎么叫我，这孩子还真是不那么爱撒娇。

一周食谱营养点评

今早劝阿雨喝鲜牛奶，告诉她同等量的鲜牛奶、酸牛奶，还是鲜牛奶营养成分更高些，在肠道菌群正常的情况下，最好选择鲜牛奶。

我最近查食物成分的时候查到鲭鱼DHA含量极高，因此碰到鲭鱼罐头就买了一盒回来。

蛋包饭其实和炒饭没什么差别，重点在配料。我的基本配料就是鸡蛋、米饭、甜椒等，只是做包饭的蛋皮需要些烹调技巧，不过就算卖相不好也不影响营养的摄取。

第四十六周饮食日志

2014年5月5日 周一　空气不错

早餐：猪肉青菜馄饨

消夜：银耳枇杷羹、奶酪

㉒㉒㉒ 今天回家途中偶然遇见三元梅园，买了奶酪和双皮奶。

看了条关于女儿和妈妈做闺密的微信，转发给阿雨，阿雨应景地答应要和我做闺蜜。

2014年5月6日 周二　晴，落了些脏雨点

早餐：猪肉青菜馄饨

消夜：奶酪

㉒㉒㉒ 今晚阿雨坚持和我睡，难道这是做闺蜜的节奏？我喜欢！

2014年5月7日 周三　晴，天很蓝

早餐：牛奶、鸡蛋、煎馒头、银耳枇杷羹

加餐：苹果

消夜：双皮奶

㉒㉒㉒ 阿雨的"二模"成绩今天出来了，成绩大概650分。但是这次全年级整体成绩很高，阿雨的成绩不算太理想，不过我和雷先生尽力宽慰她，希望她能以平常心看待。其实我心里还是有些失落的。

肉丝炒草菇

营养师妈妈的
私房菜

原料： 猪里脊200克，草菇150克，盐、鸡精、淀粉、生抽、植物油、姜丝、葱丝各适量。

做法：

1.猪里脊切丝，以少许盐、鸡精、淀粉抓匀备用。

2.草菇一切两半，焯水备用。

3.锅中稍微多放点儿油，烧热，放入姜丝、葱丝炒出香味后放入里脊丝，里脊丝变色后加入备好的草菇翻炒后加入生抽炒匀出锅。

营养点评： 菌藻类富含多糖类营养成分，不失为丰富餐桌的理想食物，但草菇季节性很强。

2014年5月8日 周四 晴

早餐：鸡蛋醪糟汤圆

加餐：苹果

消夜：奶酪

㊙㊙㊙ 雷先生今早出差去广州了，还提醒我接阿雨，明早送阿雨。雷先生是个久经历练的人，日久见人心，纵然他有很多不足，但在生活上我还是很依赖他。

2014年5月9日 周五

早餐：蛋包饭、鲜牛奶

消夜：麻辣烫

㊙㊙㊙ 阿雨点名要吃蛋包饭，家里因陋就简（仅有的一点儿米、葱头、黄瓜、胡萝卜，就够做一顿饭的）。雷先生出差未归，一早起来做蛋包饭还是稍微有些费时，临时决定不和同事搭车了，7点多才出门。

2014年5月10日 周六 天气凉爽

早餐：鲜牛奶、饼干

晚餐：花生米饭、酱肘子、肉丝炒草菇、酸汤肥牛、热拌海木耳、水果拼盘

消夜：酒酿枇杷枸杞羹

㊙㊙㊙ 雷先生回来了，和我热情高涨地准备午餐，然后雷先生去给阿雨送饭，等了半小时不见她出门，打通电话才知人家在吃饭，竟忘了我们要送饭这茬儿，雷先生只好悻悻地回来。晚餐也不用做了。

2014年5月11日 周日 母亲节下了一天的雨，淅淅沥沥，舒服极了

早餐： 蛋包饭、番茄竹荪汤、水果拼盘（杧果、绿宝香瓜）

午餐： 麻辣烫（鸭血、豆腐、午餐肉、茼蒿）、杂粮粥、水果拼盘（猕猴桃、杧果）

晚餐： 红薯豌豆甜玉米白米粥、小鸡炖蘑菇粉条、五花肉烧八爪鱼干

碎碎念 家里的干蘑菇一直没吃，于是我今天买了只三黄鸡回来炖，阿雨吃了不少。还有回江门带回来的八爪鱼干，泡好后用五花肉一起烧了，阿雨就品尝了一口八爪鱼，我也没逼迫她吃。

今天一整天阿雨没怎么学习，这个志愿是挺难确定的。阿雨还是有心上北大、清华，可是看成绩够呛。她有很多计划，还想如果上北大、清华可以留在北京，可以养拉布拉多。

一周食谱营养点评

我们家里几乎很少用单一的米面做主食，最常做的就是杂粮杂豆粥。这周给阿雨吃火了，说咱家那么困难吗，要吃这种粗粮。跟她解释是因为要照顾她才吃的。阿雨虽然不爱吃，不过还是吃进去了。

小鸡炖蘑菇是东北人的过节佳肴。在我的家乡，贫困的年代，勤劳的人们都是靠山吃山，蘑菇、木耳、山菜、核桃都是上天赐给我们的宝贵食材，女人会把这些宝贝储备下来在青黄不接的季节给家人做丰富的膳食。现在好了，物质不再匮乏，但是这些东西代表着家的味道，每次家人来了都会带些过来。我家乡的人聪明，发现只食用鸡，脂肪比较高，而蘑菇中膳食纤维较高，小鸡炖蘑菇可以减少鸡中脂肪的吸收，更主要的是干蘑菇独特的香气浸入鸡中，别提多美味了！

第四十七周饮食日志

2014年5月12日　周一　气温突然骤升至30℃

早餐：鸡汤面、鲜牛奶

消夜：双皮奶、酸牛奶

(碎)(碎)(念) 雷先生很辛苦，整天纠结于阿雨填报志愿的事，今天下班回来又提到对外经贸大学，咨询了他初三的老班长。其实我们也知道没人可以给出确切的意见。

2014年5月13日　周二　天气舒适

早餐：寿司

消夜：双皮奶、猕猴桃

(碎)(碎)(念) 我们今天找阿雨的老师杨茹谈报志愿的事，好多爸爸妈妈在咨询。老师一直觉得阿雨有冲刺的潜质，赞同她为自己的理想奋斗一回。我作为妈妈没什么不认同的，让她去飞一次吧！拼一次，第一志愿就报北大了！

2014年5月14日　周三　晴，凉爽

早餐：鸡蛋醪糟汤圆黑芝麻

消夜：鲜牛奶、香瓜

(碎)(碎)(念) 阿雨昨晚声称不想吃双皮奶了，于是今天开始喝鲜牛奶。订的三元鲜牛奶还好，从营养成分上来说还是鲜牛奶更好些。雷先生今天开始拟定志愿了，是挺费心的。

酱鸡胗、鸡心

原料：鸡胗1千克，鸡心1千克，海底捞火锅底料1袋（麻辣味），葱、姜、料酒、生抽、植物油各适量。

做法：

1.鸡胗、鸡心洗净，用开水焯一下，去除血水，控干水分备用。

2.锅底放油50克左右烧热，爆香葱、姜后煸炒火锅底料至香味四溢，放入鸡胗鸡心。

3.继续煸炒至微干后烹以料酒、生抽，加入开水，以没过原料为宜，水开后改小火，不时翻炒，收汁即成。

营养点评：鸡心、鸡胗富含蛋白质、微量元素，虽然口味较重，但偶尔吃几餐没问题。沿袭同样的烹调方法可以烹制鸭脖、鸡爪等。

Yingyangshi mama de Sifangcai

营养师妈妈的
私房菜

2014年5月15日 周四　晴好

早餐：寿司、鲜牛奶

消夜：酸奶、猕猴桃

㊑㊑㊑ 我今天才惊奇地发现自己很喜欢开放的食谱，比如寿司、番茄汤、八宝粥、蛋包饭、大酱汤等。这些食谱容许我无限发挥，实现食物多样化。

2014年5月16日 周五　晴好

早餐：寿司、鲜牛奶

㊑㊑㊑ 晚上同事小宋帮忙买了鸭架子，明早可以给阿雨煮鸭架子汤了，这个她最爱吃。

2014年5月17日 周六　晴好

早餐：寿司、鸭架冬瓜汤

午餐：玉米棒、鸽子汤、鸭架、番茄豆腐黄骨鱼、红烧肉烧鱿鱼干、素炒茼蒿、水果拼盘（香蕉、山竹、西瓜、草莓）

晚餐：米饭、拌西蓝花、素炒通心菜、鸽子汤、水果拼盘（草莓、西瓜）

㊑㊑㊑ 今天是高考志愿填报截止日期，我们给阿雨的提前录取志愿和第一批第一志愿都报了北大，第一批第二志愿报的农大。吃过晚餐，三人下楼溜达一圈，心想也别较劲了，总会有书读的，何必一定上北大、清华。

2014年5月18日　周日　晴

早餐：鸽子汤煮面条、草莓

午餐：香米糯米饭、酱猪蹄、香煎马鲛鱼、素炒苋菜、豉汁酱油拌芦笋、卷豆腐皮（胡萝卜、芦笋、香菜）、西瓜

晚餐：意酱面

碎碎念 阿雨今天临出门要求我把她房间的墙画都摘了，姑娘啊，摘容易，但那可是你十年的战果啊！我想把墙面擦干净着实费了不少力气，结果半夜双腕酸疼，疼醒了，刚开始还在悲哀"真的到更年期喽，关节都疼了"，突然反应过来是昨晚劳作的结果，安慰了好多！

一周食谱营养点评

马鲛鱼肉质比较硬，阿雨不怎么喜欢，但是钟情于海鱼的脂肪，我还是会在餐桌上偶尔配上一点儿，能吃多少算多少。

卷豆腐皮是少年时代的吃食，我的家乡是盛产大豆的地方，大豆制品特别丰富，其中的豆腐皮买回来就直接蘸酱，或者用它卷上从院子里摘回来的蔬菜蘸酱吃，经常就不用吃主食了，热量、营养素都有了。

第四十八周饮食日志

2014年5月19日　周一　晴好

早餐：蛋包饭、鲜牛奶
消夜：双皮奶

2014年5月20日　周二　雾霾

早餐：金枪鱼寿司、鲜牛奶
消夜：酸奶、水果拼盘（樱桃、香瓜、丑橘）

(碎)(碎)(念) 今天阿雨同学的妈妈向我咨询高考时给孩子准备什么食谱，其实没什么特别，我就给阿雨准备最家常的餐食，番茄豆腐羊肉片、酸汤肥牛、葱烧青虾、寿司、面条等，反正就是阿雨最常吃的。

2014年5月21日　周三

早餐：意酱面
消夜：酸奶、丑橘

(碎)(碎)(念) 雷先生今天加班，我一个人没滋没味地吃饭。今天大姨二姨居然接连打来电话慰问阿雨状态如何，大家都等着阿雨的好消息呢！

剁椒鱼头

原料：鲢鱼头1个，盐、料酒、蒜、姜、豆豉、泡椒、生抽、糖、鸡精、玉米油各适量。

做法：

1.鲢鱼头收拾干净，中间劈开一分为二，鱼头上均匀地抹上盐，淋上料酒，放在盘子里腌渍10分钟左右。

2.蒜、姜、豆豉、泡椒剁碎，下油锅爆香。

3.用生抽、糖、鸡精调成味汁，倒在鱼盘子里，再在鱼头上铺爆香的蒜、姜、豆豉、剁椒。

4.锅中加水烧开后，大火上锅蒸8分钟，出锅即可。

Yingyangshi mama de
Sifangcai

营养师妈妈的私房菜

营养点评：鲢鱼又叫白鲢、水鲢、连子鱼、鲢子等，是我国主要的淡水养殖鱼类之一，各地均可买到。鲢鱼肉质鲜嫩，营养丰富，是典型的高蛋白（17.8％）、低脂肪（3.6％）鱼类，富含维生素A、钾、硒等。鱼头部分富含脂肪和胶原蛋白，口感香、嫩滑，而且肉比较分散，易于入味，所以更受欢迎。

20141月5月22日 周四　31℃，空气不太好

早餐：菠菜花卷、番茄鸡蛋紫菜香菜汤

消夜：麻辣烫

碎碎念 雷先生出差了，周思涵爸爸帮忙把阿雨接回来，我在小区门口等阿雨，两人买了点儿麻辣烫，高高兴兴地回来了。前段时间给阿雨填报了香港浸会大学，今天阿雨在追问香港浸会大学报了什么专业，告诉她不要着急，成绩出来再说。

阿雨今天让我查一下，上次什么时候吃的麻辣烫，说不想太常吃。

2014年5月23日　周五

早餐：醪糟汤圆煮鸡蛋

消夜：鲜奶

碎碎念 雷先生原本说今天9点就可以到家，结果9点飞机才起飞。我只好自己去接阿雨了，阿雨老是想一个人骑车回来，可是我不放心。

2014年5月24日　周六　阴雨转多云

早餐："湾仔码头"上汤小馄饨

午餐：酸菜馅水饺、饺子汤、杨桃百合沙拉

晚餐：贝贝南瓜米粥、剁椒鱼头、素炒芦蒿、素炒甜蒜苗、水果拼盘（荔枝、杧果）

碎碎念 雷先生昨晚半夜才回来，早上没舍得叫醒他，我送完阿雨就独自去购物了。今天终于买了芦蒿，味道还真不错。老乡说早市的蒜苗是唐山的甜蒜苗，虽然不怎么好看，但炒出来确实好吃。晚餐阿雨吃得不多，她说不喜欢吃胖头鱼头，看得出，阿雨今天没胃口。

饭后让阿雨陪我们一起去取同事包的粽子，她没心情就没去。我们取回来，她都上床了，不肯说有什么心事，很担忧！

2014年5月25日 周日　晴

早餐：胡萝卜土豆西葫芦豆腐汤、红枣粽子

午餐：橄榄油拌西蓝花、辣椒炒鱿鱼、芦蒿、酱肘子、水果拼盘（杧果、绿宝香瓜、香蕉）

晚餐：三文鱼寿司、清炒甜豆、拌西蓝花

消夜：鲜奶、香瓜

碎碎念 阿雨一整天情绪都不高，我看着孩子这样自己却帮不上忙，很着急。其实我不求阿雨上北大，上农大也没什么不好。

吃了晚饭又把阿雨送学校去了，看得出她很焦虑，很想学，但是学不进去，又不肯彻底放松。雷先生和我观点也不是很一致，他不希望我老劝阿雨放松。

一周食谱营养点评

杨桃是南方水果，记得我初到广州时并不接受这种水果，慢慢才习惯。不过印象当中杨桃是广州很便宜的水果，现在在北京的超市里却超贵，买回来给阿雨试试，还与鲜百合一起做了酸奶沙拉。

剁椒鱼头是我让雷先生做的，想着是时候补补脑了，虽然理论上补脑应该是一个长期的过程，可是一旦高考结束了，意识就不会这么强了。鳙鱼头脂肪含量很高，其中的DHA含量也高，可以选用，前提是孩子喜欢才好，阿雨就不怎么喜欢。

芦蒿是南方蔬菜，水生，据说在南方遍地都是，可是在早市要20多元一斤，我们买了300克左右炒了一盘。

第四十九周饮食日志

2014年5月26日　周一　暴晒

早餐：鸡蛋炒饭、鲜奶

消夜：酸奶、香瓜、杞果

（碎）（碎）（念）阿雨情绪还是不怎么好，我们问不出什么原因，能体会她焦虑的心情，每个考生都有这个阶段吧！没有这样的辛苦时刻怎么会让每个人都对高考刻骨铭心！

2014年05月27日　周二　很热

早餐：南瓜大米粥、煮鸡蛋

消夜：鲜奶、樱桃

（碎）（碎）（念）阿雨早上点名喝南瓜米粥，每次煮粥都稠，今天早上我决定不用高压锅，但发挥一般。

今天分了考场，阿雨很兴奋，说自己主场作战，似乎底气又足了好多。晚上和雷先生一起去接阿雨，她今天情绪好些了。

2014年5月28日　周三　36℃ 入夏，春天结束

早餐：意酱面

消夜：酸菜水饺、水果拼盘（黄樱桃、梨、杞果）

（碎）（碎）（念）现在晚上开始10点接阿雨了，我们娘儿俩一路没有什么话，她回来看见酸菜馅水饺还有点儿笑模样，水果准备了几种，吃多少算多少吧。

白灼基围虾

原料：基围虾400克。

做法：烹调前把基围虾迅速用水冲洗后放入开水中煮3～5分钟，待虾彻底变色即可捞出。另外，我们习惯用姜醋汁蘸食。

营养点评：水产品相对畜禽类更好消化，且富含不饱和脂肪酸。

2014年5月29日　周四　高温

早餐：水饺、柠檬水、杧果、梨

消夜：鲜奶、黄樱桃

🟤碎🟤碎🟤念 雷先生本来说今天赶不回来了，要明天才能从珠海飞回来，等到晚上又发信息说今天赶回来，有些感动。随着年龄的增长，他真的越来越好。

2014年5月30日　周五　高温

早餐：紫菜馄饨

消夜：鲜奶

🟤碎🟤碎🟤念 阿雨说不想吃固体的东西，最近就没有做双皮奶了。

2014年5月31日　周六　高温持续

早餐：绿豆粥、煎蛋、水果拼盘（梨、苹果）

午餐：蛋皮、金枪鱼寿司、蒜蓉芥蓝、白灼基围虾、绿豆汤

晚餐：香米饭、苏伯汤（排骨、圆白菜、番茄、土豆、葱头）、清炒木耳菜、水果拼盘（绿宝香瓜、西瓜）

消夜：鲜奶

🟤碎🟤碎🟤念 不上班的时候，和阿雨共进早餐的感觉特别好。我一大早6点就起来了，准备了绿豆粥、煎蛋，可是阿雨不怎么爱吃煎蛋，水果没吃带去学校了，她给好友周思涵也准备了一份中午便当。阿雨说两人都超爱吃我做的葱烧大虾，没有诀窍唯有爱心而已。上午和周思涵妈妈去给阿雨报暑期驾校班。18岁，想想真是大孩子了，成了独立的社会人，想不放飞都不行了。其实阿雨没那么热衷学车，只是想让她假期有些事情做，不能都荒废了。

2014年6月1日 周日 略有些闷热

早餐：南瓜百合粥、热豆腐蘸酱、水果拼盘（杏、樱桃、香瓜）

午餐：白米粥、水煮大虾、蒜蓉粉丝蒸鲍鱼、豉油芦笋、水果拼盘（西瓜、香瓜）

晚餐：蛋包饭、白菜炖豆腐、清炒猪耳朵、清炒芦笋

碎 碎 念 晚上10点接了阿雨和大卢院一起去放孔明灯，没想到很容易点燃，很顺利，放飞自己的心情，俩孩子都很高兴。

一周食谱**营养点评**

苏伯汤是爷爷最拿手的菜肴，曾经被用来给雷先生改善伙食的，如今做给阿雨吃。这道菜除了番茄、葱头、土豆，当然一定要有排骨，其实除了排骨脂肪偏高外，几乎是搭配非常完美的一道佳肴！

苏伯汤的做法

以番茄为主料，熬制成番茄酱，备用。将炖好的牛腩或猪排骨放入锅里，加水，放入姜、大料、酱油、料酒、冰糖，再放些盐。开锅后小火慢炖10分钟。随性加入蔬菜，可以放圆白菜、葱头、土豆等。煮熟后放入熬制好的番茄酱即可出锅。喜欢胡椒粉的，出锅前可以加入。

197

第五十周饮食日志

2014年6月2日 周一　　端午节，好凉快

早餐：红枣粽子、鸡蛋、苏伯汤

午餐：米饭、蜜汁烤翅、豉汁酱油生菜、杭椒牛柳、菠萝

晚餐：蛋包饭、番茄牛腩、杭椒肝尖

消夜：鲜奶

㊙㊙㊙ 阿雨起床就在感慨，还有5天就高考了。晚餐阿雨和小伙伴周思涵准备一人一瓶八宝粥糊弄过去，结果送的蛋包饭每人就吃了一半，番茄牛腩倒是吃了不少。

今天的番茄牛腩真好吃，萌发了蒸馒头的愿望，晚上发了面，明早蒸。

2014年6月3日 周二　　晴

早餐：馒头、番茄牛腩

消夜：鲜奶、香瓜

2014年6月4日 周三　　晴

早餐：馄饨

消夜：鲜奶、香瓜

㊙㊙㊙ 明天阿雨要回来吃晚饭，于是和雷先生一起买了牛腩回来。今天去接阿雨时时间还早，决定在阿雨的校园转转，很感慨：这也许是我们这辈子最后一次来十一学校的校园了，这儿为我培养出了优秀的女儿。溜达的过程中，雷先生不停地问高考这几天吃什么，把我脑袋都说大了，冲他嚷嚷了几句，看来我的压力也不小。

芥末秋葵

原料： 秋葵300克，芥末适量，蒸鱼豉油适量。

做法： 秋葵择洗干净，从中间剖开，用开水汆一下至熟，捞出控干水分，直接蘸食调好的芥末和蒸鱼豉油即可。

营养点评： 这道菜做法特别简单，虽然做的时候有些黏稠，但吃起来口感清爽。秋葵的药用价值被不断提及，其中秋葵的黏性物质可促进肠胃蠕动，有助于消化，是不错的膳食品种。

营养师妈妈的
私房菜
Yingyangshi
mama de
Sifangcai

2014年6月5日 周四　晴

早餐：八宝粥、牛柳炒草菇

晚餐：馒头、番茄牛腩汤、拌彩椒西蓝花

消夜：鲜奶、杏

（碎）（碎）（念）家长群里说今天是十一学校最后的考前动员大会，学校给孩子们发了红包，是金榜题名的红包，有老师的签名，可惜阿雨没拿回来给我看，她还说不急，等高考完了再说。今天阿雨把准考证、身份证、考试笔袋都拿走了，根本不让我保存。

吃晚饭时，阿雨说今天的动员大会每个老师都说了寄语，但是没人说是最后一节课，说着她的眼圈就红了。我能体会她的不舍，她还自己开玩笑说不如再读一年吧。

我在记着日志，阿雨在温习功课，雷先生在读书，家里没一点儿声音，弄得我都不敢起身洗碗了。

2014年6月6日　周五　雷阵雨，天气太给力了，空气质量优

早餐：番茄牛腩汤面条卧鸡蛋

午餐：酸汤肥牛、米饭、拌彩椒西蓝花

晚餐：蛋包饭、豉油拌生菜、番茄豆腐、白杏

消夜：鲜奶

（碎）（碎）（念）我们的门诊示范餐今天是第一天营业，中午完成示范餐立即回家了，虽然阿雨今天并不在家，送饭没那么急，但是想让她从心里觉得妈妈在身边，无论何时何地。中午一场大雨过后，碧空如洗，真美啊！晚上我和雷先生去给阿雨送饭，她在车上吃的饭。阿雨情绪还不错，我安心了好多。

2014年6月7日 周六　高考第一日，晴空万里

早餐： 金枪鱼寿司、醪糟蛋花汤、金啤梨

午餐： 红豆米饭、番茄豆腐汤、橄榄油拌油菜木耳、水果拼盘（西瓜、樱桃）

晚餐： 小米粥、南瓜、红烧平鱼、尖椒熘肝尖、番茄牛尾、芥末秋葵、拍黄瓜、水果拼盘（木瓜、杨梅）

消夜： 鲜奶

碎 碎 念 早上起来没敢问阿雨昨晚睡得如何，但我没睡好。今天真不需要早起，我们8点出门就可以。为了环保，为了给路远的孩子留出停车位，我们选择骑自行车出行。中午不到12点就接回来了，吃饭时她情绪还好，让我踏实不少。

下午我坐在家里想，只要阿雨正常发挥就行，不出意外就好，其余的什么都不求。下午考数学，接她的时候遇见她的好朋友周思涵的妈妈，一起聊了一会儿，看来孩子还是有些想法的，说放假要一起游遍北京的大街小巷，说明晚她们要一起吃饭、看电影。晚上和阿雨一起入睡，幸福！

2014年6月8日 周日　高考第二日，天气凉爽

早餐：番茄豆腐汤、馒头、红糖姜水、杨梅

午餐：杂粮葡萄干米粥、馒头、水煮青虾、橄榄油拌芥蓝、番茄菜花、炖牛尾

晚餐：黑椒牛柳拌饭（台湾小吃）、大麦茶

(碎)(碎)(念) 早上一家人其乐融融地吃着早餐，我们很少这样一家人一起吃早餐。我试探着问阿雨："下午是不是打算和周思涵一起看电影？"阿雨赶紧说："其实我们什么时候都可以的，不然和妈妈去看吧！"孩子大了，真的懂事了。虽然我希望她和朋友亲亲密密，但是想让她知道家是港湾。考完我们接了阿雨就赶去"耀莱"影城，我和阿雨看《归来》，雷先生和外甥看《X战警》。

阿雨焦虑于成绩是否能上北大，我倒是很踏实。不上北大又如何？怎么也算完美收官！

一周食谱营养点评

杭椒如果不那么辣，挺好吃的，本身辣椒一类的蔬菜营养就比一般的蔬菜营养素含量高，富含维生素C、胡萝卜素等，但是碰到辣的真顶不住！杨梅上市了，阿雨比较接受酸的味道。

第三章
营养师妈妈的营养秘籍

03

丰富餐桌经验杂谈

做临床营养10年、妇幼营养12年，最大的经验是只要咨询、治疗的对象机体可以吃，不挑食，营养状况的改善就不是什么难事。对于我们最想把孩子身体照顾得棒棒的父母来说，也是一样的道理。就算我们做不出繁杂的八大菜式，但我们一样可以把食物品种做到最丰富。

根据我的个人经验，选择有包容性的菜式是丰富餐桌品种的秘诀。因此，在我家的餐桌上杂粮、杂豆饭（粥）、八宝粥是主食的日常品牌，而各种涮火锅式的汤菜、炖菜也能做到一个菜肴有多种食物。例如，一道酸汤肥牛可以有肥牛、笋、木耳、粉丝等；一道大酱汤可以包含干贝、西葫芦、豆腐、鲜腐竹、土豆、洋葱、木耳等；一道番茄汤可以有番茄、豆腐、大白菜、羊肉片、粉丝等。任何食材只要按不同的烹制时间顺序放进去即可。为了丰富家人的餐桌，甚至奶制品也可以做到很有包容性。例如，自制的水果酸奶可以在酸奶中加入草莓、桃、杏等浆果性的水果，各种奶昔（加入香蕉、山药、杧果等）、双皮奶（牛奶与鸡蛋白）都可以做到食物品种的多样性。

另外，还可以随时应用每个季节的应季食物，比如春天的儿菜、芦笋、荠菜、春笋、冬笋、草菇、豌豆等，盛夏的鲜黄花菜、小白菜苗、鲜花生、毛豆（鲜黄豆）、鲜玉米等，还有秋冬的大白菜。当然，现在有了大棚，叶菜几乎时时可得。除了叶菜以外，像春天、秋天的水产如大闸蟹、螃蟹、皮皮虾、多春鱼、黄骨鱼等，只要家人不过敏，对味道又可以接受，都可以完成丰富菜品的重责！当然，家里还可以常备一些干制品以备不时之需，如竹荪、笋干、木耳、香菇、腐竹、干贝、葡萄干、各种杂粮、杂豆等，既丰富了膳食的品种，又可以调配孩子的饮食餐单，是不错的做法。

水果更是孩子们的钟爱，也是妈妈们喜欢准备的食物。在北京，从春节就可以开始吃到草莓，到后来的樱桃、李子、白杏、西瓜、苹果、梨等，对水果的需求几乎可以靠本地自产水果得到满足。当然，现在的运输条件发达，外地甚至进口的水果数不胜数，原则是新鲜即是王道！

当然，对于初三、高三的孩子，他们在家吃饭的次数有限，因此，家长在准备食材时应考虑学校食堂不容易准备，或者孩子基本不选的食材，在家吃饭变着花样给孩子做做，让他尽可能地多吃一些食物。需要注意的是，这一切应建立在孩子不过敏、吃着不会反感的基础上，毕竟要有个愉快的心情下才有利于食物更好地吸收！

几种不错的居家营养快餐

作为职场妈妈，你可能经常会遇到这种困惑：下班后为家人准备餐食的时间不够，却又不放心家人在外就餐，觉得营养搭配不合理。下面分享几款我的营养快餐。

早餐：早餐是空了一夜的胃肠道最饥渴的时候，但是作为毕业生的妈妈都希望孩子可以多睡会儿。孩子刚睡醒，胃口还没有完全醒过来，我们自己还要赶着上班，一份早餐还真是要费些心思。早餐首先要有主食，其次要有含蛋白质的食物，如果能配以一定的水果或者蔬菜就更完美了。

1.牛奶鸡蛋燕麦粥（3人份）：用水浸泡燕麦片120克～150克的同时，开火烧水，水开后倒入浸泡好的燕麦片，再次水开后煮2分钟倒入打散的鸡蛋一个，立即关火，把鲜奶250毫升倒入拌匀，盛碗上桌。前后用时不会超过10分钟！

2.酒酿圆子（汤圆）（3人份）：酒酿300克左右兑水煮开，投入孩子喜欢馅料的汤圆（芝麻、花生、红枣、巧克力等），汤圆浮上来之后放入鸡蛋2个，然后关火即可。用时10～15分钟。

3.意酱面：锅中放水2000毫升烧开，煮熟面条过水，然后浇上事先备好的意大利酱，用时10分钟以内。当然意大利酱建议自制哦，这是我家雷先生的绝活，投料丰富（柿子椒、葱头、胡萝卜、牛肉、胡椒粉、黄油、橄榄油、红酒），营养够均衡，一般做一次够我们一家吃2～3次早餐。

4.馄饨：市售馄饨皮备好，头天晚上把肉馅加入调料腌渍好，韭菜摘好洗净控干水分，用干净的纸包好，早上将处理好的韭菜切末，与肉馅拌匀就可以开始包了。一般以我的速度，3人份40个馄饨用不了10分钟，边包馄饨边烧水，水开后就可以直接下馄饨了。出锅前放点虾皮、紫菜即可，用时20分钟足够。

5.五谷磨坊营养糊：有时候我们会去五谷磨坊调配点儿粉剂回来，一般都是家里平时少用的食材，还会让他们加点儿苹果干、山楂干调味。有时候来不及了就给阿雨用微波炉热一份（开水冲调不如微波炉糊化好），配上面包一片，热量是足够了。用时5分钟以内。

6.寿司：做寿司是细致活儿，真的不能算快餐，但是它胜在可以凉吃。如果知道自己一早没时间，可以晚上加工。当然我们偶尔也会直接从"711"便利店带回来市售的寿司。卷寿司的备料比较繁杂，紫菜、寿司醋、蛋黄酱、金枪鱼或者鳗鱼罐头、新鲜的黄瓜、胡萝卜、腌萝卜条、自制的蛋皮等，当然，最主要的是糯米饭。不算烹制糯米饭的时间，我卷3人份的寿司也要20多分钟，用时是够久了。不过做好后放在密封盒里，第二天早上用寿司配上一杯鲜奶就是份营养快餐了。

7.番茄香菜紫菜鸡蛋汤、全麦馒头：番茄去皮放油锅里炒制成酱，加水，水开之后淋入鸡蛋液（2个），调味关火，出锅前放入香菜、紫菜即可。配上同时热好的馒头，色香味俱全的营养早餐，用时20分钟之内。

消夜：接回奋战一天的孩子，总想给他再补充点什么，似乎家长这时只能通过饮食来表达对他们的疼惜了。孩子下了晚自习回到家基本上都在10点左右，消夜要注意应是容易消化的。

1.双皮奶：双皮奶制作费时、费心，一定要有足够耐心才能成功。我摸索了无数次，最后才被阿雨首肯。一次可以做4份，储备好，可以作为应急用，当然也不能放太久，应一周内吃完。3袋鲜奶750毫升左右，小火煮蒸10分钟左右，然后分装在4个250毫升的碗中冷却，期间把4个鸡蛋清与白砂糖（白砂糖依据自己口味，阿雨不喜欢太甜腻的东西）打匀，鲜奶冷却好了之后上面会有第一层奶皮，小心地在碗边破个口子，把奶液倒出（切

记留些奶在碗中，这样奶皮不容易粘在碗边），与打匀的蛋清液充分混合后再从裂口处把混合后的奶液倒回4个碗中，切记倒回奶液的速度一定要慢些再慢些，使第一层奶皮浮在上面，再次上屉蒸10分钟，凉凉后放置冰箱，随时都可以吃了！

2.奶昔：制作最简单。用孩子喜欢的水果，如香蕉、山药、杧果等，与鲜奶一起放入料理机打匀即可。用时2分钟，加上清洗也不过5分钟就全部搞定。

3.酒酿蛋花：市售的酒酿250毫升，煮开后淋入一个鸡蛋液，5分钟完活儿。

4.酸奶水果沙拉：猕猴桃、杧果、苹果等切块，用酸奶150毫升拌匀即可。用时5分钟之内。

5.麻辣烫：选取孩子中意的蔬菜，如海带、豆腐、金钊菇等，肉汤烫过之后，拌上麻酱、醋，甚至辣椒油（阿雨一般不用），用时15分钟之内。

6.银耳百合莲子羹：银耳提前浸泡4小时以上，与百合干、莲子一起熬制，依据口味配以冰糖，放置凉透后放入冰箱，食用时取出即可。

必备的居家食材

　　家中总有青黄不接或者来不及购买食材的时候，因此，家里应备些随时可以烹饪出营养餐的存货，用以应急或丰富餐桌食物品种，同时也可以作为日常餐食的搭配之用。

　　必备调味品包括盐、糖、味精、酱油、生抽、老抽、料酒、白醋、香醋、火锅底料（我家常备海底捞调料，尤以番茄料、麻辣料为主）、蒜蓉辣酱、葱伴侣豆瓣酱、蛋黄酱等。当然还有各种烹调用油，如花生油、豆油、瓜子油、橄榄油、稻米油、香油、茶油等。

　　干制品：香菇、木耳、竹荪、银耳。

　　果干：葡萄干、山楂干。

　　主食类：燕麦片，挂面，自制速冻小馄饨、饺子，冻存的鲜豌豆、鲜玉米，各种杂粮、杂豆类。

　　肉蛋类：金枪鱼、三文鱼、鳗鱼罐头、干贝、墨鱼干、鸡蛋、虾仁等。

　　奶制品及豆制品：酸奶，利乐包装的纯奶、冻豆腐等。

　　蔬菜：可以适当储备的番茄、土豆，以及干品紫菜、海带干、笋干等。

第四章
因人而异，孩子升学营养补充要有针对性

04

两种疾病调理食谱

贫血一周食谱

14%～33%的十七八岁孩子患有贫血，其中女孩子大多是经期铁流失，或者为了控制体重节食等原因引发贫血。最常见的贫血原因一般是铁缺乏。缺铁性贫血可能导致体质、学习能力下降。作为家长要关心孩子的体检结果，必要的时候主动带孩子到医院检查。

青少年期预防及治疗缺铁性贫血的要点除了要保证膳食指南十条及青少年膳食指南的四条外，在膳食的安排上还应努力保证铁，以及促进铁吸收的营养素维生素C及维生素B_{12}的摄入。当然，保证蛋白质的摄入不但对防治贫血有效，对于孩子们的生长发育也是必不可少的。鉴于初三、高三的孩子平时基本在学校解决午餐和晚餐，只有周末才可以在家吃晚饭的现状，因此在食谱中我基本没有提供午餐的举例，家长可以参照晚餐内容进行准备。

可以用来补铁的食物在日常生活中其实很容易找到。初三、高三的孩子在学校的饮食家长基本不可控，除了平时积极引导孩子培养正确的饮食观念和行为外，我们能做的就是在自己可把控的范围内积极做好后勤工作。

贫血一周食谱举例

周一
早餐：小米粥（小米25克）、花卷（面粉50克）、酱猪肝（猪肝50克）、拌莴笋丝（莴笋100克）
消液：红枣银耳羹（红枣25克、银耳15克、冰糖8克）、奶酪（35克）

周二
早餐：枣糕（100克）、鲜奶蛋羹（鲜奶200克、鸡蛋60克）、木瓜（150克）
消液：红豆薏米粥（红豆15克、薏米10克、大米10克）、豆腐干（50克）

周三
早餐：馒头1个、酱牛肉（牛肉75克）、鸡蛋菠菜蛋花汤（菠菜100克、鸡蛋1个、紫菜15克）
消液：双皮奶1份（鲜奶600毫升、鸡蛋白4个可做4人份）、核桃面包1片

周四
早餐：葡萄干燕麦粥（燕麦35克、葡萄干25克）、面包1片、煎荷包蛋1个
消液：鲜奶（200毫升）、香蕉（150克）

周五
早餐：早餐：花卷（面粉50克）、番茄鸡蛋紫菜汤（番茄100克、鸡蛋1个、紫菜15克）
晚餐：杂粮饭（大麦25克、大米50克）、蒜蓉芥蓝（芥蓝150克）、葱烧青虾（葱50克、青虾200克）、冬瓜鸭血汤（冬瓜150克、鸭血120克）
消液：鲜奶（200毫升）、杧果（250克）

周六
早餐：紫米粥（紫米10克、大米15克）、葵花子蒸馒头1个（焙过烤香的葵花子50克、面粉500克可做约10个馒头）、卤鸡胗（鸡胗50克）、拌白菜丝
晚餐：红豆粥（红豆25克、大米10克）、烙饼（面粉50克）、豉汁酱油拌芦笋（芦笋100克）、清蒸鲈鱼（鲈鱼500克左右）、素什锦（芹菜75克、腐竹25克、木耳10克、花生8克）
消液：鲜奶（200毫升）、杏（200克）

周日
早餐：芝麻花卷1份（焙好的黑芝麻50克、面粉500克为10人份）、小油菜牛肉丸子汤（小油菜200克、牛肉馅100克）
晚餐：杂粮饭（黑米25克、大米50克）、番茄牛肉汤（番茄200克、牛腩150克）、豉汁酱油拌生菜（生菜150克）、红烧豆腐（豆腐75克）
消液：杧果奶昔（鲜奶200克、杧果200克）

211

一周食谱营养点评

防治贫血的膳食主要集中在红肉类（猪、牛、羊、马、驴肉等）、动物内脏（动物肝脏、鸡鸭胗、猪心等）、动物血（猪血、鸭血、鸡血等）这三大类食物，它们不但可以提供丰富且易吸收的铁，且是蛋白质的重要来源，是铁吸收的保障，还是维生素B$_{12}$的重要来源，日常膳食安排中可以注意调配。

另外，部分蔬菜、水果含铁量也较高，新鲜且加工恰当的蔬菜、水果可以同时提供丰富的维生素C，以促进铁的吸收利用。此类蔬菜、水果很多，如油菜、苋菜、菠菜、韭菜、苹果等。

谷薯类，如紫米、黑米、燕麦等也含有一定量的铁，虽然吸收较动物性食物差些，但是在防治贫血的日常饮食中可以作为丰富膳食的品种。

很多坚果类食物富含微量元素，铁在葵花子、芝麻等坚果中含量丰富，且富含维生素E、维生素A，是初三、高三备考孩子们加餐的好选择。当然，也可以把它们加入米饭、豆浆、菜肴中混合食用。

本周食谱力争在每天的膳食安排中都包含一两种甚至更多的含铁食物，且注意每天安排一些富含维生素C的食物，以促进铁的吸收。本周食谱对于预防、治疗青少年贫血，尤其是女孩子的青春期月经失血，以及因为膳食不均衡、挑食、偏食等造成的贫血有防治作用，但是前提一定要排除继发性贫血，甚至其他血液性疾病。如果有顽固性的贫血，尤其中重度贫血，一定到医院听从医生的建议，以免延误病情。

便秘一周食谱

便秘是较为高发的一类肠道疾病，器质性的便秘应及早就医，治疗原发疾病。初三、高三的孩子便秘多由以下两大类原因造成：

1.生活习惯

食量过少、食物过于精细、食物热量过高、蔬菜及水果吃得少、饮水少等，导致对肠道刺激不足；运动少、久坐、卧床，使肠动力减弱；不良排便习惯（没有养成定时排便或者有憋大便的习惯）。

2.社会心理因素

人际关系紧张、家庭不和睦、心情长期处于压抑状态等，都可以使自主神经紊乱，引起肠蠕动抑制或亢进；生活规律改变，如外出旅行、住院，或受突发事件影响，都可以导致排便规律改变。

鼓励引导孩子养成定时排便的习惯将终身受益。及时疏导孩子可能有的紧张情绪，并引导他们调节自己的情绪，尽量培养良好的师生关系和同学关系，当然，最重要的，也是我们最能把控的，那就是要有良好的家庭氛围。

膳食营养上要注意尽可能填饱孩子的胃肠道。便量过少也不容易引起便意，食物残渣储存过久容易导致大便干结。

富含膳食纤维的食物具备缓解便秘的作用毋庸置疑，其主要的食物来源是全谷物、豆类、水果、蔬菜及马铃薯等，坚果和种子类食物中纤维素含量也很高。全谷类食物中的纤维来源于谷物表皮，比如燕麦、大麦的纤维含量就比较高，而精加工的谷类食物则含量较少。由于蔬菜和水果中的水分含量较高，因此所含膳食纤维就相对较少。

研究较多的一类膳食纤维是低聚果糖。低聚果糖为一种可溶性膳食纤维，它被发酵后可以改善肠道菌群，具有润肠通便、增强肠道免疫力、预防结肠炎等作用，可有效缓解便秘，还可调节血脂。低聚果糖自然存在于菊科、石蒜科、百合科等植物的根、块茎和果实等部位，如黑麦、小麦、大麦、燕麦、洋葱、韭菜、芦笋、大蒜、菊苣、莴苣、洋姜、番茄、香蕉等，其中洋葱中的低聚果糖含量最高，大蒜和菊苣中的低聚果糖含量也很高。

便秘一周食谱举例

周一
早餐：燕麦粥（燕麦25克）、全麦馒头（全麦粉50克）、煎蛋1个、拌小白菜
消液：香蕉1根，鲜奶1杯

周二
早餐：大麦粥（大麦25克、大米15克）、全麦面包1片（全麦粉25克）、酱牛肉（牛腱子50克）、拌莴苣叶（莴苣叶子100克）
消液：黄元帅苹果1个（200克），酸奶（100毫升）

周三
早餐：鸡蛋燕麦粥（鸡蛋1个、燕麦35克）、麻酱花卷（麻酱15克、全麦粉50克）、酱豆腐（15克）
消液：木瓜（150克）、酸奶（180毫升）

周四
早餐：韭菜猪肉馄饨（面粉75克、韭菜100克、猪肉50克）、紫菜10克、虾皮10克
消液：番茄鸡蛋杂面（番茄100克、鸡蛋30克、菠菜面40克）

周五
早餐：小麦粥（小麦25克、大米15克）、全麦烙饼（全麦粉50克）、泡菜（75克）、煎鸡蛋1个
晚餐：八宝粥3人份（大米50克、红豆10克、薏米10克、松子10克、葡萄干15克）、全麦花卷（全麦粉50克）、豉汁酱油拌芦笋（芦笋100克）、蒜蓉拌海带（水浸海带200克）、肉片烧豆腐（北豆腐150克、里脊肉75克）
消液：酸奶（180毫升），香蕉1根

周六
早餐：杂粮糊（黑麦25克、黄豆15克、大米10克）、泡菜饼（全麦粉45克、泡菜100克、香菜10克）
晚餐：燕麦米饭（燕麦25克、大米50克）、凉拌葱头尖椒（葱头100克、尖椒50克）、酸汤肥牛（肥牛150克、莴笋150克、粉丝25克、木耳5克）
消液：酸奶（250毫升）

周日
早餐：疙瘩汤（全麦粉50克、番茄100克、紫菜5克、鸡蛋1个）、小葱拌豆腐（小葱10克、南豆腐100克）
晚餐：鸡蛋韭菜馅饼（全麦粉100克、韭菜200克、鸡蛋1个）、番茄紫菜蛋汤（番茄100克、鸡蛋1个、紫菜5克）
消液：酸奶水果沙拉3人份（酸奶100克、香蕉1根、杧果100克、火龙果100克、菠萝100克）

一周食谱**营养点评**

阿雨在生长发育过程中极少出现排便问题，也很少便秘。本周食谱是我依据排便不畅的原理设计的，在排除孩子便秘没有基础疾病的前提下，作为家长改善孩子便秘问题的参考。

食谱设计的前提是满足孩子的基础需要量，即满足生长发育的基本要求。毕业班的孩子多数只能在家吃早餐及消夜，只有周六、周日可能在家进食午餐和晚餐，因此设计中未涉及午餐内容，如果有需要可以参考晚餐内容进行。

家长在对孩子进行饮食调理时，要注意孩子的反应，如果高的膳食纤维饮食引起孩子胃肠不适，如胀气、排便次数过多，应立即停止食疗。需要注意的是，长期食用高纤维素膳食也可能影响微量元素的吸收，因此上述食谱不宜长期使用。在食谱的设计中较多使用富含低聚果糖的食物，对于维生素和微量元素的吸收影响相对较小些。

治疗便秘一定要考虑便秘的原因，食疗效果不好的话建议家长带孩子去看医生。上述讨论中有关便秘的因素家长都要考虑到，综合"治疗"方可显效。另外，家长还要明白一个道理，饮食不能解决所有问题，我们应该根据孩子的具体情况进行具体分析，再找出解决问题的方案。

刺激食欲的食谱

孩子们在备考的这一年，总有些时候会食欲不佳，实属正常现象。作为家长不必过于紧张，以避免加重孩子的紧张情绪。十七八岁的孩子身体尚在发育，一天两天的食欲缺乏不会对健康产生多大的不良影响。只要我们注意判断，排除一些疾病因素就好。如果条件允许，倒是可以准备些刺激胃液分泌的食谱看看能不能帮助孩子改善食欲。下面介绍几道开胃食谱供家长们参考。

1.泡菜饼

做法：面粉100克，鸡蛋1个，泡菜、香菜切末，放少许白糖和水适量，搅拌均匀，分成3份，在平底锅中煎熟即可。

2.糖醋心里美

做法：心里美切成红绿相间的片状或块状，用少许盐腌渍后洗净并控干水分，加入白砂糖、白醋拌制即可。

3.凉拌萝卜皮

做法：同样用盐将萝卜皮腌渍后洗净，并控干水分，放盐、糖、白醋、香油、味精拌匀即可。

4.酸辣土豆丝

做法：我通常用海底捞的麻辣火锅料来烹制酸辣土豆丝，做法跟家里炒土豆丝的流程一样，这里就不多说了。阿雨没食欲的情况下也能吃上一点儿。

5.酱鸡胗、鸡心

做法：海底捞的调料又一发挥就是用来做鸡胗、鸡心了，用来佐餐刺激食欲是上品。

6.肉丝酸豆角

做法：将腌渍好的酸豆角切段，用肉丝烹制，适当放些辣椒，改善食欲是不错的。

7.毛血旺

做法：将准备好的鸭血、肥肠、午餐肉、黄豆芽等食材用市售的海底捞调料。

关于外带食物

学校组织了两次拉练，要求自带食物。我们准备了些自制食物给阿雨，如烤馒头（市售）、育青鸡（在家拆好）、可乐鸡翅、酱鸡胗、黄瓜、鲜奶等，阿雨都很喜欢。

日常问题解困

在完成日志之初，关于孩子的饮食问题，我利用QQ群询问过很多妈妈。

第一个问题就是孩子住校，几乎不在家吃饭，因此很担心孩子的饮食与营养。孩子偶尔回来一次，妈妈们是能怎么发挥就怎么发挥，吃什么由孩子自由选择（平时最多只能送些水果到学校给孩子）。大鱼大肉当然是免不了了，其实这种吃法对孩子的健康很不利。很多妈妈甚至希望我们国家可以像日本等一些发达国家一样，可以把"食育"加入到课本中，教孩子选择营养均衡的食物。这也是我在陪伴阿雨成长过程中特别注意的，幸运的是阿雨对于加工的食物基本没兴趣，相比加工食物，她更喜欢纯天然的食物的味道！

还有些妈妈苦恼于我们认为有营养的东西孩子不接受，比如孩子不吃坚果，这和阿雨很像，有很多孩子不喜欢吃坚果。我的解决办法是将此类食物混合到其他食物中，比如我们常煮花生米饭（阿雨一般不拒绝），比如煮红豆粥，比如煮松子葡萄干粥，比如煮栗子粥，比如把阿雨平时不吃的坚果磨成粉剂冲调给她喝。

　　至于有些孩子不爱喝牛奶，首先要排除孩子是乳糖不耐受还是牛奶蛋白过敏。除了这两种情况外，还是尽量要培养孩子喝奶的习惯。牛奶不但是蛋白质的良好来源，还是孩子生长发育必备的钙质绝好的来源，鼓励孩子（包括我们）终生喝奶！何况现在的孩子很多打算到国外留学，不吃奶制品在国外怎么生存！对于乳糖不耐受的孩子，最好最简单的做法是喝酸奶，牛奶蛋白过敏的孩子可以尝试脱敏治疗，少量、多次，与其他食物混合吃，如果还是有反应就别尝试了，毕竟高三的孩子精力有限，这时不是让他们尝试治疗过敏问题的好时机。再就是不喜欢喝奶的孩子，可以尝试用他喜欢的食物味道来掩盖牛奶的香味，比如做面食的时候里面放点儿奶，还可以用牛奶做奶昔、用酸奶做水果酸奶等。

图书在版编目（CIP）数据

营养师妈妈告诉你，孩子升学这样吃：考前365天营
养餐单 / 滕越著. ––北京：中国妇女出版社，2016.1

　　ISBN 978-7-5127-1189-1

　　Ⅰ.①营…　Ⅱ.①滕…　Ⅲ.①青少年—保健–食谱
Ⅳ.①TS972.162

中国版本图书馆CIP数据核字（2015）第251968号

营养师妈妈告诉你，孩子升学这样吃：考前365天营养餐单

作　　者：滕　越　著
责任编辑：陈经慧
封面设计：柏拉图
责任印制：王卫东
出版发行：中国妇女出版社
地　　址：北京东城区史家胡同甲24号　　　邮政编码：100010
电　　话：（010）65133160（发行部）　　65133161（邮购）
网　　址：www.womenbooks.com.cn
经　　销：各地新华书店
印　　刷：北京楠萍印刷有限公司
开　　本：170×240　1/16
印　　张：14.25
字　　数：178千字
版　　次：2016年1月第1版
印　　次：2016年1月第1次
书　　号：ISBN 978-7-5127-1189-1
定　　价：38.00元